U0387437

现代果蔬花卉深加工与应用丛书

果蔬花卉粉制
技术与应用

赵彦巧　编著

GUOSHU HUAHUI FENZHI
JISHU YU YINGYONG

化学工业出版社
·北京·

内容简介

　　《果蔬花卉粉制技术与应用》主要介绍了常用于粉制的果蔬花卉原料品种、果蔬花卉粉制产品的特性与功效、果蔬花卉粉制技术原理与设备，以及各种果蔬花卉的粉制方法、工艺流程和操作要点等。本书技术内容翔实，语言通俗易懂，实用性较强，可为读者在果蔬花卉粉制技术领域提供较全面的参考资料。

　　本书可作为果蔬花卉深加工专业人员、食品工程领域的科研和工程技术人员的参考书，同时可供相关专业高等及职业院校的师生使用。

图书在版编目（CIP）数据

果蔬花卉粉制技术与应用/赵彦巧编著. —北京：
化学工业出版社，2023.11
（现代果蔬花卉深加工与应用丛书）
ISBN 978-7-122-44033-4

Ⅰ.①果… Ⅱ.①赵… Ⅲ.①果蔬加工②花卉-加工
Ⅳ.①TS255.3

中国国家版本馆 CIP 数据核字（2023）第 154010 号

责任编辑：张　艳　　　　　　　　　文字编辑：林　丹　白华霞
责任校对：宋　玮　　　　　　　　　装帧设计：王晓宇

出版发行：化学工业出版社（北京市东城区青年湖南街 13 号　邮政编码 100011）
印　　装：北京建宏印刷有限公司
710mm×1000mm　1/16　印张 11¼　字数 203 千字　2025 年 1 月北京第 1 版第 1 次印刷

购书咨询：010-64518888　　　　　　　　售后服务：010-64518899
网　　址：http://www.cip.com.cn
凡购买本书，如有缺损质量问题，本社销售中心负责调换。

定　　价：78.00 元　　　　　　　　　　　　版权所有　违者必究

"现代果蔬花卉深加工与应用丛书"
编委会

前 言 FOREWORD

　　果蔬花卉产品大多是以鲜品上市的，具有含水量高、营养丰富、易腐烂变质等特点。自从我国加入世界贸易组织以后，果蔬花卉产品要走向国际大市场，但由于长途运输和销售过程中条件变化会造成产品老化、损伤和腐烂，不但不能体现其应有的商品价值，而且还会带来损失。因此，不解决产品产后的深加工问题，就难以解决农产品，尤其是果蔬花卉产品的异地销售和非产季供应问题，难以使果蔬花卉产品成为商品进入市场，特别是进入国际市场进行大流通。传统的果蔬花卉深加工方法，如干制、腌制和罐藏等已难以完全满足市场需要和人们的消费需求，将新鲜果蔬花卉直接加工成果蔬花卉粉，是近几年来快速发展的深加工模式。

　　果蔬花卉粉具有独特的优点：一是贮藏稳定性好，果蔬花卉粉水分含量一般低于7%，既可以有效抑制微生物的繁殖，又可以降低果蔬花卉体内酶的活性，从而利于贮藏，可延长保质期；二是运输成本低，果蔬花卉干燥制粉后体积减小，质量减轻，节约了包装材料，同时也大大降低了运输费用；三是实现高效综合利用，果蔬花卉制粉对原料的大小、形状等都没有要求，甚至部分果蔬花卉的皮和核也可以得到有效的利用，同时可对加工中产生的大量富含活性因子的副产物进行制粉加工，以大大提高果蔬花卉原料的利用率；四是营养丰富，加工后的果蔬花卉粉基本保持原有果蔬花卉的营养成分及风味，且使一些营养和功能组分更利于消化吸收，是一种良好的全营养深加工产品；五是满足特殊消费需求，果蔬花卉粉可作为新鲜果蔬花卉的替代品用于一些特殊消费人群，如满足婴幼儿、老年人、病人、地质勘探人员和航天航海人员等特殊人群的需要；六是产品种类丰富，果蔬花卉粉可以复配成多功能营养粉，生产营养咀嚼片或作为配料添加到其他食品中，不仅可丰富产品种类，还可改善食品的色泽、风味和营养。

　　本书为"现代果蔬花卉深加工与应用丛书"的一个分册，介绍了常用于粉制的果蔬花卉原料品种、果蔬花卉粉制产品特性与功效、果蔬花卉产品粉制技术原理及设备，从果品、蔬菜和花卉三个方面介绍了各种果蔬花卉的粉制方法、工艺流程和操作要点等。全书共分六章：第一章介绍了常用于粉制的果蔬花卉原料品种和果蔬花卉粉制产品特性与功效；第二章对粉制的原理和粉制技术的分类进行了介绍；第三章介绍了各种粉制加工设备；第四章详细介绍了 31 种果品的粉制技术和实例；第五章详细介绍了 23 种蔬菜的粉制技术和实例；第六章详细介绍了 22 种花卉的粉制技术和实例。本书技术内容翔实，语言通俗易懂，实用性较强，可为读者在果蔬花卉粉制技术领域提供较全面的参考资料。

本书由赵彦巧编著，对在本书编著过程中提供各种支持的朱志勇、孟翔宇、李彬、刘小红等表示衷心感谢。

本书力求融科学性、理论性、实用性于一体，介绍了近百种果蔬花卉产品粉制技术实例，可供从事果蔬花卉深加工的企业、大专院校和科研院所的专业人员阅读和参考。

由于作者水平有限，加之时间仓促，书中难免有疏漏和不足之处，恳请读者批评指正。

赵彦巧
2024 年 10 月

目 录 CONTENTS

05 第五章
蔬菜的粉制加工技术实例　/ 089

06 第六章
花卉的粉制加工技术实例　　/ 134

第一章　概述

农产品加工是农业与市场连接的重要纽带，是农产品商品化必不可少的中间环节，同时也是农业现代化的重要标志。许多农产品，尤其是果蔬花卉产品，大多是以鲜品上市的，具有含水量高、营养丰富、易腐烂变质等特点。自从我国加入世界贸易组织以后，果蔬花卉产品要走向国际大市场，但由于长途运输和销售过程中条件变化会造成产品老化、损伤和腐烂，不但不能体现其应有的商品价值，而且还会带来损失。因此，不解决产品的深加工问题，就难以解决农产品，尤其是果蔬花卉产品的异地销售和非产季供应问题，难以使果蔬花卉产品成为商品进入市场，特别是进入国际市场进行大流通。

果蔬花卉产品是农业生产中的重要产品，在我国的国民经济中起到了重要作用。首先，果蔬花卉产品是广大农民的重要经济来源。在广大的农村，农民的主要经济来源是种植业，而在种植业中，果蔬花卉产品的生产又是重中之重，是农民致富的重要方式。其次，果蔬花卉产品是我国农产品中创汇的主力军，我国每年出口的大量农产品中，果蔬花卉产品占了很大的比例，特别是蔬菜的出口，而且效益还是很高的。再者，果品和蔬菜是人们的重要副食品，在人们的日常生活中起到了重要的作用。因此我国果蔬花卉产品生产的发展速度很快，同时也带动了相关产业（特别是果蔬花卉产品加工业）的发展。在果蔬花卉产品加工业发展的同时，果蔬花卉产品的深加工也得到了迅速的发展。传统的果蔬花卉深加工方法，如干制、腌制和罐藏等已难以完全满足市场需要和人们的消费需求，将新鲜果蔬花卉直接加工成果蔬花卉粉，是近年来快速发展的深加工模式。

果蔬花卉粉的独特性能够满足人们对果蔬花卉多样化、高档化和新鲜化趋势的需求，具有广阔的开发前景。目前，果蔬花卉的粉制技术在果蔬花卉产品的深加工中正在得到广泛的应用。粉制技术的范围不仅包括粮食、水果、蔬菜、中草药等农产品，也包括其他经济作物、野生资源、土特产品等农副产品和调味品、添加剂、香味剂，甚至还包括鱼虾饲料、秸秆粉碎、添加剂载体、生物制品等，还可涉及化工医药、陶瓷、冶金、非金属矿产等领域的深加工。

第一节　常用于粉制的果蔬花卉原料品种

一、常用于粉制的果蔬原料品种

果品和蔬菜，尤其是蔬菜，是人们日常生活中不可缺少的副食品，它们所含有的营养成分对人类有特殊的食用意义。新鲜果蔬含有丰富的维生素和矿物质，食用果蔬不仅能使人体摄取较多的维生素来预防维生素缺乏症，而且大量钠、钾、钙等矿物质的存在使果蔬成为碱性物质，在人体的生理活动中起着调节体液酸碱平衡的作用。果蔬中所含有的糖和有机酸可以供给人体热量，并能形成鲜美的味道。果蔬中的纤维素虽不能被人们很好地吸收，但它们能促进胃肠蠕动，刺激消化液分泌，有助于人体的消化吸收及废物的排泄。很多果蔬还能调节人体生理机能，有辅助治疗疾病的作用。

我国地域辽阔，地跨寒、温、热三带，自然条件优越，气候、土壤和地形等自然环境条件适合果蔬的生长发育，果树和蔬菜资源极其丰富。我国也培育了许多优良品种，使我国果蔬种类多、品种全、品质佳而闻名于世界。如山东胶州大白菜、山东章丘大葱、北京心里美萝卜、四川榨菜、湖南冬笋；山东香蕉苹果、山东大樱桃、辽宁国光苹果、河北鸭梨、吉林延边苹果梨、山东和辽宁山楂、浙江奉化玉露水蜜桃、山东肥城佛桃、广东和台湾的香蕉及菠萝、广东和福建的荔枝及龙眼、四川江津鹅蛋橘、江西南丰蜜橘、广西沙田柚，等等。这些果蔬风味各异，是享有盛誉的名果蔬。近年来，我国培育和改良了很多果蔬品种，同时引进了很多国外果蔬品种，丰富了国内果蔬资源，更加满足了市场需要。

1. 果品

果品按果实构造可分为：①仁果类，如苹果、梨、山楂；②核果类，如桃、枣；③浆果类，如葡萄、香蕉；④坚果类，如核桃、板栗；⑤柑橘类，如柑、橘、甜橙、柚、柠檬；⑥复果类，如菠萝、菠萝蜜、面包果；⑦瓜类，主要指甜瓜、西瓜。

按商业经营习惯果品可分为鲜果、干果、瓜类以及它们的制品四大类。鲜果是果品中最多和最重要的一类。为了经营方便，又把鲜果分为伏果和秋果，还分为南果和北果。

常用于粉制加工的果品有大枣、柿子、芒果、黑莓、菠萝、葡萄、枇杷、石榴、蔓越莓、猕猴桃、桑葚、橙子、苹果、草莓、刺梨、木瓜、柠檬、水蜜桃、哈密瓜、山楂、树莓、乌梅、椰子、蓝莓、雪莲果、樱桃、杨梅、西柚、荔枝、黄桃以及无花果等。

2. 蔬菜

蔬菜按食用器官可分为：①根菜类，如萝卜、豆薯；②茎菜类，如莴笋、竹笋、莲藕、芋头；③叶菜类，如小白菜、大白菜、大蒜、大葱；④果菜类，如茄子、黄瓜、菜豆；⑤花菜类，主要有黄花菜、花椰菜；⑥食用菌类，如香菇、木耳。

按农业生物学可分为根茎类、白菜类、芥菜类、甘蓝类、绿叶菜类、葱蒜类、茄果类、瓜类、豆类、水生菜类、多年生菜类和食用菌类等类。

常用于粉制加工的蔬菜有胡萝卜、紫菜头（根甜菜）、南瓜、番茄、紫薯、香菇、苦瓜、黄瓜、冬瓜、白萝卜、西蓝花（西兰花）、芹菜、菠菜、莲藕、香菜、芦笋、莴笋、金针菇、魔芋、茶树菇、野菜以及蒲公英等。

二、常用于粉制的花卉原料品种

花卉中的花和卉是两个含义不同的字，花是高等植物繁殖后代的器官，卉是百草的总称。花卉一词从字面上讲，就是开花的植物。《词海》中解释花卉是"可供观赏的花草"。随着科学技术和人们审美意识的发展，欣赏已不仅限于花，因而花的概念也随之扩大。广义上，凡是花、叶、果的形态、色彩、芳香能引起人们美感的植物都包括在花卉之内，统称为观赏植物。但花卉一词人们已形成习惯，可一并使用。

根据形态特征和生长习性可将花卉分为草本花卉、木本花卉、多肉类植物、水生类花卉和草坪类植物。①草本花卉可分为一年生草花（如一串红、鸡冠花等）、二年生草花（如金鱼草、石竹等）、多年生草花（如菊花、荷花、大丽花等）；②木本花卉可分为乔木花卉（如梅花、白玉兰等）、灌木花卉（如月季、牡丹等）、藤本花卉（如凌霄、紫藤等）；③多肉类花卉常见的有仙人掌科的昙花、令箭荷花、蟹爪兰，龙舌兰科的龙舌兰、虎尾兰，萝摩科的大花犀角、吊金钱，凤梨科的小雀舌兰等；④水生类花卉常见的有荷花、睡莲、王莲、凤眼莲、水葱、菖蒲等；⑤草坪植物常见栽培的有红顶草、早熟禾、野牛草等。

根据花卉的观赏器官可分为：①观花类，如菊花、仙客来、月季等；②观叶类，如文竹、常春藤、五针松等；③观果类，如南天竹、佛手、石榴等；④观茎类，如佛肚竹、光棍树、珊瑚树等；⑤观芽类，常见的有银柳等。

根据花卉的经济用途可分为：①观赏用花卉，包括花坛用花（如一串红、金盏菊等)、盆栽花卉(如菊花、月季等)、切花花卉(如菊花、百合等)、庭院花卉(如芍药、牡丹等);②香料用花卉,如白兰、水仙花、玫瑰花等;③熏茶用花卉,如茉莉花、珠兰花、桂花等;④医药用花卉,如芍药、牡丹、金银花等;⑤环境保护用花卉,具有吸收有害气体、净化环境的功能,如美人蕉、月季、罗汉松等;⑥食品用花卉,如菊花、桂花、兰花等近百种。

常用于粉制加工的花卉有侧柏叶、桂花、栀子、紫罗兰、珠兰、荷花、玫瑰、万年青、万寿菊、菊花、茉莉、樱花、兰花、金针花、油菜花、康乃馨、洛神花、芙蓉、紫苏、扶桑、槐花以及月季等。

第二节　果蔬花卉粉制产品的特性与功效

果蔬花卉的营养价值很高,但是目前果蔬花卉行业存在着果蔬采后保藏不及时、保藏技术不完善和副产物利用率低等问题。果蔬花卉粉(特别是超微粉)生产工艺简单、分散性和溶解性优良、人体摄取后吸收率高等特点决定了果蔬花卉粉的优良前景。果蔬超微粉是利用超微粉碎技术对果蔬原料及其副产物进行加工制造而成的粒径在 $25\mu m$ 及以下的粉体。通过对果蔬、花卉以及果皮、果核等副产物超微粉碎加工处理可以解决果蔬花卉原料浪费、果蔬花卉副产物利用率低等问题,从而实现果蔬花卉行业的全加工利用,进而提高果蔬花卉行业的经济效益。

果蔬花卉经过超微粉碎后其粒径和比表面积都会有巨大的改变,从而导致物料本身的一些理化性质发生变化。首先,物料经过超微粉碎后最明显的变化就是粒径变小,其次,还有休止角、滑动角、持水力、持油力以及超微粉碎后物料的有效成分溶出率的改变等。由于粉碎过后不溶性膳食纤维变为可溶性膳食纤维,因此可溶性膳食纤维含量也作为评价的指标之一。总而言之,果蔬花卉经过超微粉碎,其粒径减小,色泽发生变化,持水力和持油力下降,营养成分和活性成分含量增加。表 1-1 是超微粉碎对果蔬理化性质的影响。

表 1-1　超微粉碎对果蔬理化性质的影响

加工原料	物性变化	营养成分变化	活性成分变化
香菇	粒度分布均一,表观性能良好	—	总酚溶出率增加
柿子副产物	平均粒径都急剧下降,堆积密度均降低	—	总类黄酮含量增加
南瓜籽	平均粒径比粗粉明显降低	淀粉、蛋白质、脂肪、还原糖等变化较小	可溶性膳食纤维含量增加

续表

加工原料	物性变化	营养成分变化	活性成分变化
野刺梨	粒径减小,流动性增强	—	黄酮及多酚含量分别提高 24.5% 和 135%
豆渣	粉体色泽亮白,颗粒分布均匀,比表面积增大	—	—
石榴皮	粒径、休止角和滑动角减小,堆积密度增大	—	多酚和类黄酮释放率增加
山楂皮	持水和持油力下降,水溶性和分散稳定性增强	—	类黄酮浸出量增加
芦笋渣	持水、持油能力下降	—	总酚含量升高
梨果渣	持水、持油能力下降,可溶性膳食纤维结构变化	—	可溶性膳食纤维含量增加
葡萄皮	休止角增大,表面聚合力增大,溶解性增强	—	多酚溶出率增加
黑木耳	粒径减小,持水能力增强	氨基酸含量增加,维生素 B_2 含量降低	—
金针菇	流动性、膨胀性、持水力明显增强	—	多糖溶出率增加
玫瑰茄	粒径减小,流动性增强,溶解性增强	—	总花色苷溶出率增加

　　果蔬花卉原料及其副产物经过超微粉碎以后,其理化性质将会发生改变,这一系列的改变对果蔬的加工及其综合利用都具有明显的益处。当物料的滑动角和休止角发生改变,即表现为物料流动性的改变,这一改变使物料具有更好的储藏效果。物料的粒径、持水力和持油力发生改变,可使果蔬花卉物料进行综合利用时有更好的效果。不可溶性膳食纤维在经过剪切碰撞粉碎后能成为可溶性膳食纤维,由于不可溶性膳食纤维本身的持水力和持油力很强,超微粉碎导致物料的持水力、持油力显著降低。果蔬花卉超微粉理化性质的改变有助于果蔬花卉原料深加工,增大其可利用性。

　　果蔬花卉所具有的高营养价值,使得人们在日常生活中会大量地摄入它们。果蔬的食用方式主要包括蔬菜的烹饪、水果的直接洗净食用,但果蔬进入人体后都需要很长时间的消化吸收。每种果蔬原料都有其自身有效的成分,这些有效成分包括物料的营养成分以及活性成分,果蔬花卉原料经过超微粉碎后其自身的营养成分和活性成分(如多酚、黄酮、可溶性膳食纤维和多糖等)将会更加快速地释放出来，人体食用后其在体内与小肠黏膜的接触面积很大，从而更加有利于人体吸收。

果蔬花卉超微粉通常选择物料的完整部位或者副产物作为粉碎的原料，这些加工原料中含有大量的生物活性成分（如多糖、多酚、黄酮等），这些化合物具有许多的功效，如抗氧化、降血糖等。果蔬花卉经过超微粉碎以后其生物活性物质的浸出率将会增加，因此其生物活性功能也可能增强。果蔬花卉（如苦瓜）中的某些功能因子能够起到调节血糖的作用，而果蔬花卉超微粉比果蔬花卉自身具有更好的功能因子溶出率，因此在血糖水平改善方面表现出优势。超微粉碎对果蔬花卉生物活性的影响，除了抗氧化和降血糖活性增强以外，其他活性作用也可能发生增强的趋势，如保护肝脏作用。

果蔬花卉中除了含有 75%～90% 的水分外，还含有各种其他化学物质，这些化学成分构成了果蔬花卉的固形物，这些物质主要包括：碳水化合物（糖类）、有机酸、维生素、含氮物质、色素物质、单宁（又称鞣质）物质、糖苷、矿物质、脂质、挥发性芳香物质和酶等。

但是反映果蔬花卉品质的各种化学物质，在果蔬采收、贮藏、运输和加工等过程中仍会发生一系列变化，从而引起耐贮性和抗病性的变化，食用价值和营养价值也发生改变。为了更好地指导生产，科学地组织果蔬花卉的运销、贮藏，充分发挥其应有的经济价值，就必须了解这些化学成分的含量、特性及其变化规律，以便控制采后果蔬花卉化学成分的变化，保持其应有的营养价值和商品价值。

1. 果蔬花卉中糖类的加工特性

糖类是果蔬花卉体内贮存的主要营养物质，是影响果蔬花卉制品风味和品质的重要因素。糖类是微生物的主要营养物质，结合果蔬含水量高的特点，加工中应注意糖类的变化及卫生条件。糖类在高温下自共存时，是发生美拉德非酶褐变的重要反应底物，影响制品色泽；其本身的焦化反应，影响制品色泽。淀粉不溶于冷水，当加温至 55～60℃ 时，即会产生糊化，变成带黏性的半透明凝胶或胶体溶液，这是含淀粉多的果蔬罐头汤汁浑浊的主要原因；淀粉在与稀酸共热或在淀粉酶的作用下，水解生成葡萄糖。果蔬花卉产品及原料的色泽对人们有着很大的影响，鲜艳色泽对人们有很强的吸引力，而且在大多数情况下，色泽可作为判定成熟度的一个指标，同时，果蔬花卉的色泽同其风味、组织结构、营养价值和总体评价也有一定的关系。

2. 果蔬花卉中果胶的加工特性

利用原果胶可在酸、碱、酶的作用下水解和果胶溶于水而不溶于酒精（乙醇）的性质，可以从富含果胶的果实中提取果胶。果胶在人体内是不能被分解利用的，但有帮助消化、降低胆固醇等作用，属膳食纤维范畴，是健康食品原料。

果胶作为增稠剂具很好的胶凝能力，广泛用于果酱、果冻、糖果及浑浊果汁中。果胶酸不溶于水，能与钙离子、镁离子生成不溶性盐类，常作为果汁、果酒的澄清剂。

3. 果蔬花卉中有机酸的加工特性

果蔬花卉及其加工品的风味取决于糖和酸的种类、含量和比例。酸或碱可以促进蛋白质的热变性，微生物细胞所处环境的 pH 值，直接影响微生物的耐热性，一般来说，细菌在 pH＝6～8 时，耐热性最强。由于有机酸能与铁、铜、锡等金属反应，促使容器、设备的腐蚀，影响制品的色泽和风味，因此加工中凡与果蔬原料接触的容器、设备部位，均要求用不锈钢制作。叶绿素在酸性条件下脱镁，变成黄褐色的脱镁叶绿素；花色苷在酸性条件下呈红色，在中性、微碱性条件下呈紫色，在碱性条件下呈蓝色；单宁在酸性条件下受热，变成红色的"红粉"。果蔬花卉中的有机酸同时也会使蛋白质水解成氨基酸和多肽片段，并能导致蔗糖水解为转化糖以及影响果胶的胶凝特性。

4. 果蔬花卉中维生素的加工特性

食品的外观色泽是鉴定食品质量的重要感官指标之一。与食品本身相协调的色泽，对增进食欲和购买欲有重要的作用。天然的食物色泽的成因及化学成分极其复杂，与维生素有关的色素是类胡萝卜素色素、维生素 B_2 和花青素。果蔬花卉中的类胡萝卜素在氧气存在下，特别是在光线中会被分解褪色，在透明的塑料罐或玻璃罐中褪色明显。维生素 B_2 属于花黄素类色素，在牛奶、肝脏、蛋类、豆类及酵母菌中是天然呈色物质。花青素在食品加工的热处理中，特别是在维生素 C 存在时，会分解褪色。维生素 E 在油脂及脂肪酸自动氧化过程中，是预防和延缓油脂酸败的天然抗氧化剂。这是因为它可以与氧产生竞争性抑制，以及在不饱和脂肪酸自动氧化过程中能够与烃自由基和过氧化自由基结合成稳定化合物，从而起到中断链式反应传递的作用。在维生素 C 的分子结构中，由于羟基和羰基相邻，故烯二醇基极不稳定，容易氧化成 L-脱氢抗坏血酸。这个反应是可逆的，如果有弱还原剂存在，L-脱氢抗坏血酸可重新转变为 L-抗坏血酸。抗坏血酸在面包加工中还具有独特的作用。它作为氧化剂可加强面筋含量低的面粉，改进面团的气体保留容量，增强弹性，改进面团的水分吸收，排除改良剂过量所带来的危险，缩短未改良面粉的成熟期；作为还原剂，可降低连续式面团加工中的能量消耗，增加面团产量，缩短面包加工时间。果蔬花卉在贮存和加工过程中均可造成维生素的损失。采摘后的果蔬花卉会因酶的分解作用使维生素遭受较多损失。一些光敏感的维生素在空气中暴露也很容易遭到破坏。

另外，贮存温度和粮食水分越高，维生素损失也越大。在加工中以水为加热介质在常压下进行煮制或蒸制，对一些水溶性维生素破坏较大，而对脂溶性维生素在常温常压下破坏较小。以干热法加工食物时，以热空气作为传热介质，由于温度在 140～200℃ 以上，造成维生素 C、维生素 B_1 和维生素 B_2 损失严重，而在弱酸条件下发酵和熟制的食品可降低它们的损失。脂溶性维生素 A 和维生素 D 对热稳定，损失较少。在高温油炸食品中，维生素破坏更为严重，尤以维生素 B_1 明显。

第二章 粉制技术的基本概念、原理与分类

02 Chapter

第一节 粉制的基本概念、原理

粉制就是粉末的制取过程。按照生产工艺的不同，粉制可以分为干法制粉和湿法制粉两大类。干法制粉是指通过一定的干燥方式使物料中水分含量达到一定要求后将物料进行粉碎得到粉末的一种粉制方法。湿法制粉通常是指采用喷雾干燥法直接得到粉末产品。

粉碎是用机械力的方法来克服固体物料内部凝聚力达到使之破碎的单元操作，是借助外力将大块固体物料粉碎成适宜碎块或细粉的操作过程。习惯上有时将大块物料分裂成小块物料的操作称为破碎，将小块物料分裂成细粉的操作称为磨碎或研磨，两者统称为粉碎。

粉体颗粒大小称颗粒粒度，它是粉碎程度的代表性尺寸，由于颗粒形状很复杂，通常有筛分粒度、沉降粒度、等效体积粒度、等效表面积粒度等几种表示方法。筛分粒度就是颗粒可以通过筛网的筛孔尺寸，以 1in（25.4mm）宽度的筛网内的筛孔数表示，因而称之为"目数"。目前在国内外尚未有统一的粉体粒度技术标准，各个企业都有自己的粒度指标定义和表示方法。在不同国家、不同行业的筛网规格有不同的标准，因此"目"的含义也难以统一。目前国际上比较流行用等效体积颗粒的计算直径来表示粒径，以 μm 或 mm 表示。目数/粒度对照见表 2-1。

表 2-1 目数/粒度对照

英国标准筛目数对照	美国标准筛目数对照	泰勒标准筛目数对照	国际标准筛目数对照	微米对照	毫米对照
4	5	5	—	4000	4.00
6	7	7	280	2812	2.81

英国标准筛目数对照	美国标准筛目数对照	泰勒标准筛目数对照	国际标准筛目数对照	微米对照	毫米对照
8	10	9	200	2057	2.05
10	12	10	170	1680	1.68
12	14	12	150	1405	1.40
14	16	14	120	1240	1.20
16	18	16	100	1003	1.00
18	20	20	85	850	0.85
22	25	24	70	710	0.71
30	35	32	50	500	0.50
36	40	35	40	420	0.42
44	45	42	35	355	0.35
52	50	48	30	300	0.30
60	60	60	25	250	0.25
72	70	65	20	210	0.21
85	80	80	18	180	0.18
100	100	100	15	150	0.15
120	120	115	12	125	0.12
150	140	150	10	105	0.10
170	170	170	9	90	0.09
200	200	200	8	75	0.075
240	230	250	6	63	0.063
300	270	270	5	53	0.053
350	325	325	4	45	0.045
400	400	400	—	37	0.037
500	500	500	—	25	0.025
625	625	625	—	20	0.020

实验室常用的测定物料粒度组成的方法有筛析法、水析法和显微镜法。

① 筛析法，用于测定 250～0.038mm 的物料粒度。实验室标准套筛的测定范围为 4～0.02mm。

② 水析法，以颗粒在水中的沉降速度确定颗粒的粒度，用于测定小于 0.074mm 物料的粒度。

③ 显微镜法，能逐个测定颗粒的投影面积，以确定颗粒的粒度，光学显微

镜的测定范围为 $150\sim0.4\mu m$，电子显微镜的测定下限粒度可达 $0.001\mu m$ 或更小。常用的粒度分析仪有激光粒度分析仪、颗粒图像分析仪、超声粒度分析仪、消光法光学沉积仪及 X 射线沉积仪等。

根据被粉碎物料颗粒的大小和成品粒度大小的不同，可将粉碎分为粗粉碎、中（细）粉碎、微（超细）粉碎和超微粉碎四种类型，各类型粉碎对应的物料颗粒大小和成品粒度大小见表 2-2。

表 2-2　粉碎的类型及原料和产品粒度

粉碎类型	原料粒度	成品粒度	粉碎类型	原料粒度	成品粒度
粗粉碎	$10\sim100mm$	$5\sim10mm$	微粉碎	$5\sim10mm$	$<100\mu m$
中粉碎	$5\sim50mm$	$0.1\sim5mm$	超微粉碎	$0.5\sim5mm$	$<25\mu m$

值得注意的是，这只是一个大概的分类，由于不同行业对成品粒度的要求有所不同，因此，不同行业有不同的粉碎粒度划分范围，如超微粉碎饲料要比化妆品、食品等粗。

粉碎技术，特别是超微粉碎技术，是机械力学、电学、原子物理、胶体化学、化学反应动力学等交叉汇合的一门新兴学科。此项技术在各行业的应用日益广泛，具有一定的经济效益和社会效益：在冶金行业应用，使贵重金属提高产量；在医药行业应用，可使药物见效快、吸收更完全；在中药行业应用，使用药像喝咖啡一样，简单方便，并可节省大量中药材；在食品、饮料、保健品行业的应用更为广泛。

果蔬花卉粉的超微细化是基于微米技术原理。超微粉碎设备的工作原理是应用转子高速旋转所产生的湍流，使物料在气流中形成高频振荡，物料的运动方向和速度在瞬间发生剧烈变化，物料颗粒间发生急速撞击、摩擦，经过很多次的反复碰撞而生成微细粉，同时，加以冷冻处理、冷风处理、热风处理、除湿、灭菌、微波脱毒、分级等过程，使物料达到加工要求，绝不同于一般的机械粉碎。

值得注意的是，各国各行业由于超微粉体的用途、制备方法和技术水平的差别，对超微粉体的粒度有不同的划分。目前我国果蔬花卉粉加工主要以细粉碎和微粉碎为主。超微粉碎技术是粉体工程中的一项重要内容，包括对粉体原料的超微粉碎、高精度的分级和表面活性改变等内容。超微粉，一般是指物质粒径在 $10\sim25\mu m$，其属性有明显改变的粉体。果蔬花卉粉的超微细化使其物理性能提高，营养成分更容易消化，口感更好，符合当今食品加工业的"高效、优质、环保"的发展方向。超微粉碎已愈来愈引起人们的关注，虽然该项技术起步较晚，开发研制的品种相对较少，但已显露出特有的优势和广阔的应用前景。

　　超微粉碎机一般为无筛式粉碎机，粉碎物料粒度由气流速度控制，粉碎粒度要求 95％通过 0.15mm（100 目）筛，一般用于特种水产饵料或水产开口饵料。超微粉碎通常由超微粉碎机、气力输送、分级机配套来完成。原料的粉碎粒度非常细，可能显示出意想不到的特性，但也带来了比较多的问题，如静电吸附、物料的流动性差、粉碎消耗的能量多、增加了生产成本、对加工操作的影响比较大等，这些不利影响可以采取不同的方法加以克服（如改变饲料加工工艺）。

　　超微粉碎通过对物料的冲击、碰撞、剪切、研磨、分散等手段而实现。传统粉碎中的挤压粉碎方法不能用于超微粉碎，否则会产生造粒效果。选择粉碎方法时，须视粉碎物料的性质和所要求的粉碎比而定，尤其是被粉碎物料的物理和化学性能具有很大的决定作用，而其中物料的硬度和破裂性更居首要地位，对于坚硬和脆性的物料，冲击很有效；而对中药材用研磨和剪切方法则较好。实际上，任何一种粉碎机器都不是基于单纯的某一种粉碎机理，一般都是将两种或两种以上粉碎机理联合起来进行粉碎，如气流粉碎机是以物料的相互冲击和碰撞进行粉碎；高速冲击式粉碎机是冲击和剪切起粉碎作用；振动磨、搅拌磨和球磨机的粉碎机理则主要是研磨、冲击和剪切；而胶体磨的工作过程主要基于高速旋转的磨体与固定磨体的相对运动所产生的强烈剪切、摩擦、冲击等作用。

　　超微粉碎技术具有比较多的优点，同时其产品也比一般粉碎产品具有较突出的优点。其产品在不破坏组织结构的情况下，细度可高达 2000 目；产品比表面积大，孔隙率高，包容性强；产品的内在质量得到充分改善，原有的自然风味得以进一步发挥，物料的分散性、溶解性、吸附性也都得到根本的改善；产品粒径小、均匀性好、吸收好、用量少，不仅提高了利用率、大大降低了成本，同时还大大提高了原料的利用率。用此技术加工的微粉保持了物料原有的生物活性成分和营养成分，具有天然性、营养性、易于消化吸收等特点。

　　超微粉因具有较多的优点，在很多方面得到了应用。

　　① 食品超微粉具有很强的表面吸附力及亲和力；具有更好的固香性；特别容易消化吸收；最大限度地利用了原材料，节约了资源。由于食品超微粉的问世，使得食品的结构、形式及人体生物利用度均发生了巨大变化，是食品加工业的一片新天地。

　　② 利用超微粉碎技术把果蔬花卉产品制成粉末状态，可以大大提高果蔬花卉内营养成分的利用程度，增加利用率。果蔬花卉粉可以用作糕点、罐头、饮料及其他各种食品的添加剂，亦可直接作为饮料等产品饮用。

　　③ 利用超微粉碎技术加工农副产品，可以大大提高产品的经济效益。表 2-3 显示了利用超微粉碎技术加工农副产品的增值情况。

表 2-3　超微粉碎技术加工农副产品的增值情况

项目	品种					
	南瓜粉	辣椒粉	香菇粉	蔬菜粉	红豆粉	熟化豆粉
原料成本/(元/t)	4400	11520	27920	7920	5040	4500
成品售价/(元/t)	7500	12800	35000	9000	7000	8000
增值数/(元/t)	3100	1280	7080	1080	1960	3500
年产 2000t 增值数/万元	620	256	1416	216	392	700

④ 在保健食品行业中，超微粉碎技术使用特别广泛。如灵芝、鹿茸、三七、珍珠粉、螺旋藻、蔬菜、水果、蚕蛹、人参、蛇、贝壳、蚂蚁、甲鱼、鱼类、鲜骨及脏器的粉碎，为人类提供了大量新型纯天然高吸收率的保健食品。灵芝、花粉等材料需破壁之后才可有效地利用，是理想的制作超微粉的原料。

第二节　粉制技术的分类

粉碎技术，特别是超微粉碎技术，是 20 世纪 60 年代发展起来的一项高新技术，被国内外专家称为现代科学技术之原点，在中药材、食品和保健用品上得到应用。超微粉碎技术在加工过程中具有比较突出的特点。首先，加工过程在常温下进行，保持了产品中成分的完整性；其次，加工过程中不加包括水在内的任何介质，保持了产品营养的天然性；再次，加工过程在洁净控制区内进行，因此产品不会受到污染；最后，加工过程不用任何化学方法，不添加任何化学成分，因此产品没有任何毒副作用，保持了产品的安全性。

不仅如此，果蔬花卉的超微粉加工工艺技术管理全部按 GMP 标准执行，从原材料选购到加工的全部过程均有工艺规程，特别是控制要点、工艺卡片、原始记录及留样观察等更是严格按照工艺规程进行，保证了产品生产过程中的技术要求。

目前果蔬花卉产品粉制技术主要有喷雾干燥制粉、热风干燥制粉、真空冷冻干燥制粉、微波干燥制粉、变温压差膨化干燥制粉等。

一、喷雾干燥制粉

果蔬花卉粉加工中最常用的方法是喷雾干燥制粉。喷雾干燥是采用雾化器将原料液分散为雾滴，并用热气体（空气、氮气或过热水蒸气）干燥雾滴而获得产品的一种干燥方法。喷雾干燥的原料液可以是溶液、乳浊液、悬浮液，也可以是熔融液或膏糊液。干燥产品根据需要可制成粉状、颗粒状、空心球或团粒状。喷雾干燥具有传热快、水分蒸发迅速、干燥时间短的特点，且制品质量好，质地松脆，经喷雾干燥加工的果蔬花卉粉具有良好的溶解性和分散性。喷雾干燥已广泛应用于速溶咖啡、奶粉、果蔬花卉粉等产品的生产。

根据喷雾干燥的作用机理，可将其分为以下几种具体的方法：

（1）压力喷雾干燥法

① 原理 利用高压泵，以 2～20MPa 的压力，使物料通过雾化器（喷枪）聚化成雾状微粒，与热空气直接接触，进行热交换，短时间完成干燥。

② 压力喷雾微粒化装置 有 M 型和 S 型，具有使液流产生旋转的导沟，M 型导沟轴线垂直于喷嘴轴线，不与之相交；S 型导沟轴线与水平成一定角度。其目的都是：设法增加喷雾时溶液的湍流度。

（2）离心喷雾干燥法

① 原理 利用水平方向高速旋转的圆盘给予溶液以离心力，使其以高速甩出，形成薄膜、细丝或液滴，由于空气的摩擦、阻碍、撕裂作用，液体随圆盘旋转产生的切向加速度与离心力产生的径向加速度，结果以一合速度在圆盘上运动，其轨迹为一螺旋形，液体沿着此螺旋线自圆盘上抛出后，就分散成很微小的液滴并以平均速度沿着圆盘切径方向运动，同时液滴又受到地心吸力而下落。由于喷洒出的微粒大小不同，因而它们飞行距离也就不同，因此在不同的距离落下的微粒形成一个以转轴中心对称的圆柱体。

② 获得较均匀液滴的要求 a.减少圆盘旋转时的震动；b.进入圆盘液体数量在单位时间内保持恒定；c.圆盘表面平整光滑；d.圆盘的圆周速率不宜过小，$r_{min}=60m/s$，一般为 100～160m/s，若＜60m/s 则喷雾液滴不均匀，喷距似乎主要由一群液滴及沉向盘近处的一群细液滴组成，并随转速增高而减小。

③ 离心喷雾器的结构要求 润湿周边长，能使溶液达到高转速，喷雾均匀，结构坚固、质轻、简单、无死角、易拆洗、有较大生产率。

（3）气流式喷雾干燥法

气流式喷雾干燥法的原理如下：湿物料经输送机与加热后的自然空气同时进入干燥器，二者充分混合，由于热质交换面积大，从而在很短的时间内可达到蒸发干燥的目的。干燥后的成品从旋风分离器排出，一小部分飞粉由旋风除尘器或布袋除尘器回收利用。Q 型气流干燥器是负压操作，物料不经过风机；QG 型气流干燥器是正压操作，物料经过风机带有粉碎作用；FG 型气流干燥器是尾气循环型；JG 型气流干燥器是强化型气流干燥器，是集闪蒸干燥与气流干燥为一体的新型干燥设备。

根据干燥室中热风和被干燥颗粒之间运动方向可将气流式喷雾干燥设备分为并流型、逆流型、混流型。牛乳干燥常采用并流型。并流型可采用较高的进风温度来干燥，而不影响产品的质量。

喷雾干燥法的优点包括：a.干燥过程非常迅速；b.可直接干燥成粉末；c.易

改变干燥条件，调整产品质量标准；d. 由于瞬间蒸发，设备材料选择要求不严格；e. 干燥室有一定负压，可保证生产中的卫生条件，避免粉尘在车间内飞扬，从而可提高产品纯度；f. 生产效率高，操作人员少；g. 生产能力大，产品质量高，其每小时喷雾量可达几百吨，是干燥器处理量较大者之一；h. 喷雾干燥机调节方便，可以在较大范围内改变操作条件以控制产品的质量指标，如粒度分布、湿含量、生物活性、溶解性、色、香、味等。

喷雾干燥法的缺点包括：a. 设备较复杂，占地面积大，一次投资大；b. 雾化器、粉末回收装置价格较高；c. 需要空气量多，增加了鼓风机的电能消耗与回收装置的容量；d. 热效率不高，热消耗大。

喷雾干燥法的操作要求：a. 与产品接触的部位，必须便于清洗灭菌；b. 应有防止焦粉措施，防止热空气产生涡流与逆流；c. 防止空气携带杂质进入产品；d. 配置温度、压力指示记录仪装置，便于检查生产运转情况；e. 具有高回收率的粉尘回收装置；f. 应迅速出粉冷却，以提高溶解度、速溶性；g. 干燥室内温度及排风温度，不允许超过100℃，保证安全与质量；h. 喷雾时浓奶液滴与热空气均匀接触，提高热效率；i. 对于黏性物质，应尽量减少粘壁现象。

二、热风干燥制粉

热风干燥是现代干燥方法之一，是在烘箱或烘干室内吹入热风使空气流动加快的干燥方法。热风干燥制粉是将含水量较高的原料（如新鲜的果蔬花卉）经热风干燥到一定含水量后再粉碎得到粉制产品的一种方法。

热风干燥也是目前生产上常用的干燥方法之一，耐热性好的富含膳食纤维的原料，可用其来干燥、制粉。膳食纤维被称为"第七大营养素"，具有排毒通便、清脂养颜的功效。通过对果蔬下脚料干燥制粉，可获得高得率的膳食纤维，不仅充分利用了原料，而且大大提高了原料的附加值。热风干燥制粉是目前除喷雾干燥制粉外的主要生产方法，对于非热敏性或含糖分较低的果蔬原料，尤其是蔬菜原料，用该法能取得较好的效果。

热风干燥室排列有热风管、鼓风机等，燃烧室内以煤作热源，热风由热风管输入室内，由于鼓风机的作用，使热风对流达到温度均匀，余热由热风口排出。

热风干燥以热空气为干燥介质，以自然或强制对流循环的方式与食品进行湿热交换，物料表面上的水分即水汽通过表面的气膜向气流主体扩散；与此同时由于物料表面汽化的结果，物料内部和表面之间产生水分梯度差，物料内部的水分因此以气态或液态的形式向表面扩散。这一过程对于物料而言是一个传热传质的干燥过程；但对于干燥介质，即热空气，则是一个冷却增湿过程。干燥介质既是载热体也是载湿体。

在工业干燥生产中，热风干燥具有如下一些特点：

① 气固两相传热传质的表面积大。固体颗粒在气流中高度分散呈悬浮状态，这样使气固两相之间的传热传质表面积大大增加。由于采用较高气速，使得气固两相间的相对速度也较高，不仅使气固两相具有较大的传热面积，而且体积传热系数也相当高。由于固体颗粒在气流中高度分散，物料的临界湿含量大大下降。

② 热效率高，干燥时间长，处理量大。气流干燥采用气固两相并流操作，这样可以使用高温的热介质进行干燥，且物料的湿含量愈大，干燥介质的温度可以愈高。

③ 气流干燥器结构简单，生产能力大，操作方便，设备投资费用较小。在气流干燥系统中，干燥、粉碎、筛分、输送等单元过程联合操作，流程简化并易于自动控制。

热风干燥不足之处：

① 热风干燥系统的流动阻力较大，必须选用高压或中压通风机，动力消耗较大；

② 气流干燥所使用的气速高，流量大，经常需要选用尺寸大的旋风分离器和袋式除尘器，造成设备体积大，占地面积大；

③ 气流干燥对于干燥载荷很敏感，固体物料输送量过大时，气流输送就不能正常操作。

三、真空冷冻干燥制粉

真空冷冻干燥制粉是将含水量较高的原料（如新鲜的果蔬花卉）经真空冷冻干燥到一定含水量后再粉碎得到粉制产品的一种方法。

真空冷冻干燥技术使物品冷冻后在保持冰冻状态下，利用真空而使冰直接升华成蒸汽并排出，从而脱去物品中的多余水分。由于是低温下的脱水，对于保持食品的质量，它比热风干燥、离心脱水和微波干燥等方法更佳。它能干燥某些易挥发和遇热易变质的食品。真空冷冻干燥可以较好地保持食品原来的形状，减少食品色、香、味及营养成分的损失，所得产品品质较好，是目前高品质果蔬花卉粉生产的主要方式。

与其他干燥方法一样，要维持升华干燥的不断进行，必须满足两个基本条件，即热量的不断供给和生成蒸汽的不断排除。在开始阶段，如果物料温度相对较高，升华所需要的潜热可取自物料本身的显热。但随着升华的进行，物料温度很快就降到与干燥室蒸汽分压相平衡的温度，此时，若没有外界供热，升华干燥便停止进行。在外界供热的情况下，升华所生成的蒸汽如果不及时排除，蒸汽分压就会升高，物料温度也随之升高，当达到物料的冻结点时，物料中的冰晶就会融化，冷冻干燥也就无法进行了。

供给热量的过程是一个传热过程，排除蒸汽的过程是一个传质的过程，因此，升华干燥过程实质上是一个传热、传质同时进行的过程。自然界中所发生的任何过程都有驱动力，升华干燥中的传热驱动力为热源与升华界面之间的温差，而传质驱动力为升华界面与蒸汽捕集器（或冷阱）之间的蒸汽分压差。温差愈大，传热速率愈快；蒸汽分压差愈大，传质（即蒸汽排除）速率愈大。

冻干时，既要保持产品的优良品质，又要取得较快的干燥速率。升华所需要的潜热必须由热源通过对外界传热过程传送到被干燥物料的表面，然后再通过内部传热过程传送到物料内冰升华的实际发生处。所产生的水蒸气必须通过内部传质过程到达物料的表面，再通过外部传质过程转移到蒸汽捕集器（冷阱）中。任何一个过程或几个过程一起都可能成为干燥过程的"瓶颈"，它取决于冻干设备的设计、操作条件以及被干燥物料的特征。只有同时提高传热、传质效率，增加单位体积冻干物料的表面积，才能取得更快的干燥速率。

真空冷冻干燥的加热方式包括以下几种：

① 接触传热方式　这是一种最简单的加热方法，即在干燥室内设置可加热的多层搁板，上面放置装有被干燥食品的干燥盘，利用干燥盘与搁板接触传导加热。在这种情况下，加热搁板与干燥盘，干燥盘与干燥食品间不能完全良好地接触，因此利用这种方法进行加热时，干燥时间较其他方法长些，但其优点是干燥室构造简单，并可充分利用空间。

② 复式加热方式　接触传导仅加热食品的一面，而在本法中被干燥的食品两面都与加热板接触，因此传热良好而可缩短干燥时间。所采用的方式是干燥食品在与加热板接触前，先被金属网状铝板夹住，以打开升华时水蒸气的通道并减少其阻力，然后用液压加上搁板，使之与网状铝板接触。此法的优点是可缩短干燥时间，但为能与上搁板接触，搁板必须是活动的，因此必须使用液压装置，而导致构造复杂，故设备费用高昂，干燥室的利用率也降低了。此外，对非平面而不定形被干燥食品，则有不能充分发挥效果的缺点。

③ 有钉板加热方式　这是上述复式加热方式的变形，此法是利用装有多枚钉子的 2 片加热板将被干燥食品夹在中间以进行加热，这种方式的加热接触面积扩大到被干燥食品的内部，因而能有效地进行热供给。利用此方式，干燥时间可大幅度缩短。但相反的是，大量处理被干燥食品时，干燥前与干燥后的操作繁杂，需要人力与时间，另外还涉及卫生的问题，因此在实际应用中几乎都不采用此方式。

④ 辐射加热方式　此种方式是将被加热干燥的食品置于干燥盘或干燥网上，然后插入两片加热板之间，使之不与加热板接触，而由加热板辐射来供给热量，因此加热板可加热到容许温度以上的高温，而被干燥食品的温度则保持在容许温度之内，这样可以缩短干燥时间，且被干燥食品的形状也不会有所妨碍。干燥前

后的操作也很容易，特别是在大型连续干燥装置中更加有效，现已经设计出适当的控制方式，并提高了加热板的辐射能转换效率，其干燥时间已缩短至可以与复式加热相匹敌的程度，因此，该加热方式已演变成冻干食品设备的基本形式。

⑤ 微波加热方式　微波照射能使不同形状的食品内外都得到加热，大大缩短干燥时间（约 10%～20%）。此外，干燥室的利用率也较高。尽管微波加热具有明显的优点，但是到目前为止还没有在工业上成功的例子。这是因为产生微波形式的能量是昂贵的，其费用为蒸汽费用的 10～20 倍。另外，微波加热过程很难控制。如果供热量有余，会导致升华界面有少量冰融化，而水的介电常数比冰的介电常数大得多，水将吸收更多的热量使温度升高而使更多的冰融化，最终导致干燥失败。

⑥ 红外线加热　可在干燥室安装红外线发生器产生红外线辐射进行干燥，但由于其维持费用相当高，故很少应用于冷冻干燥食品方面。

综上所述，各种加热方法各有其特点。人们在不断认识冻干过程本质的基础上，探索出了多种加热、辐射的组合，如传导-辐射加热法、传导-微波加热法、辐射-微波加热法等。其目的都是期望能在保证产品质量的前提下，提高干燥速率，降低能耗。

冻干食品生产最主要的设备为食品用真空冷冻干燥机组，该机组的性能、能耗和操作自动化程度的高低决定了冻干食品生产企业技术水平的高低。食品用冻干机分间歇式和连续式两类，连续式机组在国内企业尚属少见，间歇式冻干机由干燥箱体、加热系统、真空系统、制冷系统、控制系统等 5 部分组成。

(1) 干燥箱体　有圆筒形及方形两种主要的形式，各有优点。圆筒形制造容易，但无法利用的空间多；方形则相反，空间利用率高，但制造较困难。

(2) 加热系统　大多数采用辐射传热，辐射板由阳极电镀铝制成，导热介质包括导热油、饱和水、二次水蒸气、丙二醇、甘油等，热源为高压水蒸气。

(3) 真空系统　采用机械真空泵，有罗茨泵＋油封泵及罗茨泵＋罗茨泵＋大气喷射＋水环泵两种，两者主要区别是前者不能抽水蒸气，因此对冷阱效率要求较高，优点是能耗小；后者则正好相反，能抽吸少量水蒸气，缺点是能耗较大。

(4) 制冷系统　由制冷机组与冷却排管构成。水蒸气捕集器（亦称冷阱）依其与辐射板组件的相对位置，有如下几种形式：①底置式，放置在辐射板组件的底部；②侧置式，放置在辐射板组件的两侧；③后置式，放置在辐射板组件的后面；④另置式，与辐射板组件不在同一容器内，放置在另外一个容器中，两容器之间由一个短而粗的管件连接。

(5) 控制系统　有手动控制及自动控制两大类，自动控制又分仪表自动控制与 PLC 可编程序控制两类。以 PLC 可编程序控制最先进，现在已有专用的冻干程序控制仪问世，是在 PLC 基础上按冻干要求而设计的，能自动完成冻干过程中复杂的控制操作，并且有贮存数据的功能。

四、微波干燥制粉

微波干燥制粉是将含水量较高的原料（如新鲜的果蔬花卉）经微波干燥到一定含水量后再粉碎得到粉制产品的一种方法。

将微波干燥技术应用于果蔬花卉粉制加工中，其干燥速度快，可以大大缩减干燥时间。该方法的缺点是易出现过度加热现象，以及局部温度过高（>100℃）现象，导致原料中的热敏性成分被破坏、营养风味损失等问题。在选择微波干燥制粉时要充分考虑不同物料的特性。

微波是一种高频电磁波，频率为 $300 \sim 300000 MHz$，其波长为 $1mm \sim 1m$。微波具备电场所特有的振荡周期短、穿透能力强、与物质相互作用可产生特定效应等特点。

传统干燥方法，如火焰干燥、热风干燥、蒸汽干燥、电加热干燥等，均为外部加热干燥，物料表面吸收热量后，经热传导，热量渗透至物料内部，随即升温干燥。而微波干燥则完全不同，它是一种内部加热的方法。湿物料处于振荡周期极短的微波高频电场内，其内部的水分子会发生极化并沿着微波电场的方向整齐排列，而后迅速随高频交变电场方向的交互变化而转动，并产生剧烈的碰撞和摩擦（每秒钟可达上亿次），结果一部分微波能转化为分子运动能，并以热量的形式表现出来，使水的温度升高而离开物料，从而使物料得到干燥。也就是说，微波进入物料并被吸收后，其能量在物料电介质内部转换成热能。因此，微波干燥是利用电磁波作为加热源、以被干燥物料本身为发热体的一种干燥方式。

微波干燥设备的核心是微波发生器，目前微波干燥的频率主要为 $2450 MHz$，多用于化工、食品、农副产品、木材类、建材类、纸品等行业的干燥，也可用于食品、农副产品等的杀菌。

MDF-N 型微波带式干燥窑是新一代国际领先的微波低温装备，广泛适用于各种胶泥状物料和小尺寸、扁平状、条状物料的低温干燥或热处理等。其主要特点包括：①采用独有的微波源及控制技术，确保微波源系统在各种复杂环境下长期连续稳定工作，其中磁控管的正常使用寿命≥1年；②采用按标准特制的高效微波传输系统，对物料进行均匀馈能，确保物料干燥均匀，有效避免物料局部温度过高的现象；③采用独创的数理模型，结合干燥工艺要求进行科学的腔体设计，确保脱水效率最高，同时避免腔体内"热点""打火""溅料""烧带"等不良现象的发生；④采用安全可靠的微波屏蔽设计，确保微波泄漏量<2mW/ cm^2，远优于国家标准。

在传统的干燥工艺中，为提高干燥速度，需升高外部温度，加大温差梯度，然而随之容易产生物料外焦内生的现象。但采用微波加热时，不论物料形状如何，热量都能均匀渗透，并可产生膨化效果，利于粉碎。在微波作用下，物料的干燥速率趋于一致，加热均匀。并且，微波干燥技术不影响被干燥物料的色、香、味及组织结构，有效成分也不易被分解、破坏。有关研究机构正在着手采用微波干燥替代传统的烘房干燥，以解决采用传统干燥方法干燥中药材时易产生干燥不均匀等问题。与传统干燥方式（热风干燥、蒸汽干燥、电加热干燥等）相比，微波干燥具有"优质、高效、节能、环保"的特点：①实现物料的无污染和均匀干燥，同时可大幅降低干燥温度；②干燥速率通常提高数倍以上，生产效率大幅提高；③干燥能耗通常降低50%以上，微波干燥工艺的能源利用率较高，这是因为微波的热量直接产生于湿物料内部，热损失少，热效率高，无环境和噪声污染，可大大改善工作环境；④微波设备配套设施少，占地少，操作方便，可连续作业，可实现安全洁净生产，便于自动化生产和企业管理（可通过PLC编程控制，温度可调）。

五、变温压差膨化干燥制粉

变温压差膨化干燥制粉是将含水量较高的原料（如新鲜的果蔬花卉）经变温压差膨化干燥到一定含水量后再粉碎得到粉制产品的一种方法。

变温压差膨化干燥又称爆炸膨化干燥、气流膨化干燥或微膨化干燥等，属于一种新型、环保、节能的非油炸膨化干燥技术。它结合了热风干燥和真空冷冻干燥的优点，产品具有绿色天然、品质优良、营养丰富、质地酥脆等特点。

变温压差膨化干燥的基本原理是：将新鲜的果蔬物料经过一定预处理（一般预处理主要包括清洗、去皮核、切分或不切分、热烫、增加固形物含量等）和预干燥等前处理工序后，根据相变和气体的热压效应原理，将物料放入相对低温高压的膨化罐中，通过不断改变罐内的温度、压差，使被加工物料内部的水分瞬间汽化蒸发，并依靠气体的膨胀带动组织中物质的结构变性，使物料形成均匀的多孔状结构并具有一定的膨化度和脆度。利用这种技术干燥的产品，绿色天然、外观良好，具有物料本身特有的香气，并且产品内部能形成大气泡，酥脆度俱佳，同时能较大程度地保留产品的营养成分，食用方便，便于贮藏，有利于生产休闲食品、方便食品及保健食品。现已被证实可以用来制作变温压差膨化产品的原料广泛，蔬菜类的有红薯、马铃薯、辣椒、胡萝卜、黄瓜、芸豆、食用菌等；水果类的有苹果、猕猴桃、哈密瓜、菠萝、桃、桑葚、枸杞子等。

变温压差膨化干燥中的变温是指物料膨化温度和真空干燥温度不同，其范围为75～135℃。压差是外界空气通过压缩机产生的，可使物料在膨化瞬间经历一个由高压到低压的过程，其范围为0.1～0.5MPa。膨化过程是通过原料组织在高温高压下瞬间泄压时内部产生的水蒸气剧烈膨胀来完成的。干燥则是指在真空状态下去除物料水分的过程。变温压差膨化设备主要由膨化罐和真空罐（膨化罐的 5～10 倍大小）组成。膨化时将真空罐抽真空，同时将预干燥后水分含量为 15％～35％的物料放入膨化罐内，对其加热升温，物料内部的水分会不断汽化蒸发，罐内压力慢慢升至 0.1～0.5MPa，保温 5～10min 后迅速打开泄压阀，罐内的压力骤降，物料内的水分瞬间蒸发，体积膨胀，形成均匀的蜂窝状结构。在真空状态下维持加热脱水的状态，直到含水率为 3％～7％，停止加热，打开冷凝水阀，当膨化罐内的温度降至室温后，取出产品分级包装，即得到膨化产品。

第三章　粉制加工设备 03

第一节　高速机械冲击式微粉碎机

高速机械冲击式微粉碎机利用围绕水平轴或垂直轴高速旋转的转子对物料进行强烈冲击、碰撞和剪切，即利用高速转子上的锤、叶片、棒体等对物料进行撞击，并使其在转子与定子间、物料颗粒与颗粒间产生高频度的相互强力冲击和剪切作用而达到粉碎目的。高速机械冲击式微粉碎机按转子的设置可分为立式和卧式两种。

立式机械冲击粉碎机的转子驱动轴竖直设置，转子围绕该垂直轴高速回转进行物料的粉碎。这种类型的粉碎机大都内置分级轮。图 3-1 所示为 ACM 型机械冲击式粉碎机的原理示意图，其基本原理为：物料由螺旋给料机强制喂入粉碎室内，在高速转子与带齿衬套定子之间受到冲击剪切而粉碎；然后，在气流的带动下通过导向环的引导进入中心分级区域分选，细粉作为成品随气流通过分级涡轮后从中心管排出，由收尘装置捕集，粗粉在重力作用下落回转子粉碎区内再次被粉碎。其产品平均细度在 $10\sim1000\mu m$ 范围，且粉碎产品粒度分布窄，颗粒接近球形化。

卧式机械冲击式粉碎机转子轴水平放置，转子围绕水平轴高速回转实现物料的粉碎。典型产品有 Super Miero Mill 型、CW 型等，图 3-2 为 Super Miero Mill 型粉碎机结构和工作原理示意图，物料经料斗和给料器定量连续地给入第一粉碎室，在转子 1 的冲击粉碎作用下被粉碎成数百微米大小的粉体。风机从给料端吸入空气，粉碎室内的空气流向风机方向回转运动并将第一粉碎室粉碎后的物料输入第二粉碎室。在第一粉碎室内转子 1 向排料端倾斜，因此它促进空气的流动；但在第二粉碎室内转子 2 不倾斜，因此它阻碍空气的流动或使空气的流动迟缓。

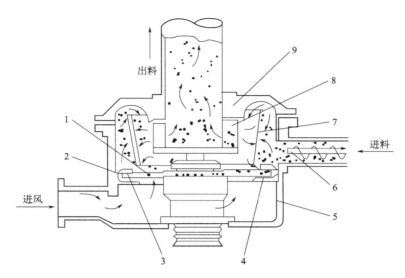

图 3-1　ACM 型机械冲击式粉碎机原理示意图

1—粉碎盘；2—齿圈；3—锤头；4—挡风盘；5—机壳；6—加料螺旋；
7—导向圈子；8—分级叶轮子；9—机盖

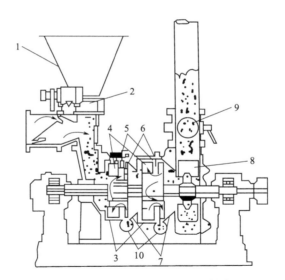

图 3-2　Super Miero Mill 型超细粉碎机

1—料斗；2—给料器；3—衬套；4—1 号转子；5—固定锁；
6—2 号转子；7—粒度调节隔环；8—风机；9—阀；10—排渣口

由于这种结构，空气流挟着物料在粉碎室中反复循环，可延长物料在粉碎室中的停留时间，使物料受到转子的多次冲击或打击作用。这种空气流的离心运动还具有分级的作用。除了转子的冲击或打击作用外，在这种磨机中颗粒之间还有相互研磨和摩擦的作用。处于转子1和转子2之间的物料受到强烈的搅动和颗粒相互间的研磨作用；同时转子末端之间较小的间隙以及转子与衬套之间的细小间隙也使物料受到器件之间的研磨作用。

这种超细粉磨机的最大给料粒度为8mm，一般是≤5mm，产品平均粒径可以在3～100μm之间调节。冲击式磨机与其他形（型）式的磨机相比，具有易于调节粉碎粒度，应用范围广，机械安装占地面积小，且可进行连续、闭路粉碎等优点。但是，由于机件的高速运转及与颗粒的冲击、碰撞，不可避免地会产生磨损问题，因而不适用于处理硬度太高的物料，适用于涂料、食品、医药品、合成树脂等软化点低的物质粉碎和碳酸钙、滑石、云母、大理石、石墨等较软质矿物质粉碎。

第二节　辊压式磨机

目前我国非金属矿产材料的超细深加工普遍采用的是高速冲击粉碎机、雷蒙机、球磨机及流化床气流粉碎机，前三者存在着设备零部件磨损大、介质磨损易污染、物料及能量利用率不高等缺点，气流粉碎机虽然粉碎物料细度很好，但电耗太大，不经济，没法在非矿深加工领域推广。因此在非矿深加工领域迫切需要一种性能优秀的超微粉碎机，它必须具备设备耐磨不易损、粉碎能量利用率高、深加工细度好等优点。针对此形势的需求，最新研究开发了JNGY系列新概念辊压式超微粉碎机，即辊压式磨机，如图3-3所示。

图3-3　新概念辊压式超微粉碎机

辊压式磨机的工作原理为：物料在一对相向旋转的轧辊之间流过，在液压装置施加的 50～500MPa 压力的挤压下，物料约受到 200kN 作用力，从而被粉碎。辊压式磨机有高压式和立式等装置。辊压式磨机比其他形式的粉碎机有许多优越性，主要表现如下：

① 可通过调节轧距控制粉碎物料的粒度，避免过度粉碎现象的出现，既节省了能源，又保证了粉碎质量。

② 物料通过轧区的时间短，损耗于摩擦的无效功少，同时也避免了物料由于温升过高而变质。

③ 通过调节磨辊拉丝的几何参数与运动参数，可实现选择性粉碎的目的。

④ 整个粉碎工作区的工作条件参数一致，粉碎过程稳定，也便于控制，可实现自动化生产。

⑤ 辊子采用工程陶瓷复合式结构，能做到对物料无污染粉碎。空气分散器、空气分级机采用刚玉陶瓷做内衬，可保护超细粉体的高纯度。

第三节　介质运动式磨机

介质运动式磨机借助于运动的研磨介质所产生的冲击、摩擦、剪切、研磨等作用力，达到对物料颗粒粉碎的目的。物料受到的粉碎作用力来源于研磨介质的运动，粉碎效果受研磨介质的大小、形状、配比与运动方式，物料的填充率，被粉碎物料的粒度（干法）或浓度（湿法）等因素影响。其主要有球（棒）磨机、振动磨和搅拌磨等。

一、球磨机和棒磨机

球（棒）磨机是历史比较悠久的古老粉碎设备，至今在食品加工业中还被广泛使用。其中，研磨介质为球状的称为球磨机，研磨介质为棒状的称为棒磨机。

球磨机和棒磨机是卧式放置的筒式磨矿设备，见图 3-4。当筒体回转时，装在筒体内的研磨介质（球或棒）在摩擦力和离心力的作用下，随着筒体的回转而被提升到一定高度，然后使其按一定的线速度抛落，以对筒内物料产生冲击、磨削和挤压，使物料粉碎。被磨物料从磨机一端进入，磨细的产品借助连续给入物料的推力、水力或风力从另一端排出机外。

球磨机和棒磨机一般由异步电机或同步电机拖动，采用单边传动、双边传动或由电动机在筒端直接拖动。筒机的转速设计在临界转速以下，为了获得更好的冲击效果，有的磨机的转速可调。

本部分内容参照 GB/T 25708—2010《球磨机和棒磨机》，该磨机适用于湿式和干式流程中粉磨各种硬度的矿石、岩石和其他适磨物料。

(a) 球磨机   (b) 棒磨机

图 3-4 球磨机和棒磨机

球磨机和棒磨机（以下简称磨机）根据介质不同而相区分；球磨机按排料形式分为格子型和溢流型，格子型球磨机分为干式和湿式。磨机的传动形式分为同步电机传动、异步电机传动和无齿轮传动。根据功率大小，同步电机传动和异步电机传动分为单传动和双传动。对于单传动的磨机，按其布置形式分为左装和右装（面对进料端顺着流动方向看，主电机在筒体左侧的是左装，主电机在筒体右侧的是右装）。

球（棒）磨机的优点主要为：

① 结构简单，设备可靠，易磨损零构件的检查更换比较方便；

② 粉碎效果好，粉碎比大（可达到 300 以上），粉碎物最小平均粒度可达到 $20\sim40\mu m$ 以下，而且可迅速准确地调整粉碎物粒度；

③ 应用范围广，适应性强，能处理多种物料，并符合工业化大规模生产需要；

④ 能与其他单元操作相结合，例如可与物料的干燥、混合等操作结合进行；

⑤ 干、湿法处理均可。

但也存在着明显的不足，主要表现在：

① 粉碎周期长、效率低，且单位产量的能耗大；

② 研磨介质易磨损破碎，机体也易被磨损；

③ 操作时噪声大，并伴有强烈震动；

④ 湿法粉碎时不适合于黏稠浆料的处理；

⑤ 粉碎物粒度较振动磨的大，通常在 $40\sim100\mu m$ 左右。

二、振动磨

振动磨的原理是利用球形或棒形研磨介质做高频振动时产生的冲击、摩擦和剪切等作用力，来实现对物料颗粒的超微粉碎（粒度可达 $2\sim3\mu m$ 以下），同时还能起到混合分散的作用。振动磨在干法或湿法状态下均可工作。

ZM 系列振动磨是一种新型的高效制粉设备，有单筒式、双筒式和三筒式三种结构形式，其中 2ZM 系列振动磨运用范围最为广泛。振动磨利用圆筒的高频振动，使筒中的钢球或钢棒介质依靠惯性力冲击物料，介质冲击物料时的加速度可达 $10 \sim 15g$。振动磨具有结构紧凑、体积小、质量轻、能耗低、产量高、粉磨粒度集中、流程简化、操作简单、维修方便、衬板介质更换容易等优点，可广泛用于冶金、建材、矿山、耐火材料、化工、玻璃、陶瓷、石墨等行业制粉。

2ZM 系列振动磨为双圆筒结构，如图 3-5 所示。由电动机通过挠性联轴器和万向联轴器带动激振器的轴旋转，激振器的轴上带有偏心块，由于带偏心块轴的旋转使双圆筒做近似的圆振动。筒体内充填研磨介质（钢球或钢棒）和待粉磨物料，物料既可从上圆筒的进料口进入，上圆筒内粉磨完毕的物料流入下圆筒继续粉磨，最后从下圆筒的出料口排出，即单进单出；物料也可同时进入上下圆筒进行粉磨，然后同时排出，即双进双出或双进四出。筒体做圆振动时，筒内的介质和物料在筒内翻转，互相冲击，这种有规律的翻转、冲击和介质的自转，使物料在短时间内得到粉碎，并达到理想的粉碎效果。

图 3-5 2ZM 系列振动磨示意图

双圆筒依靠连接板固定成一体，连接板上同时固定着激振器，且激振器需通水冷却，双圆筒由隔振弹簧支承，弹簧支座固定在不参振的底架上。圆筒筒体由外筒、内衬筒和端盖组成。内衬筒是可更换的，由耐磨材料制成。ZM 系列振动磨的激振器由四组主副偏心块组成，调整副偏心块和主偏心块的相位角，可改变激振力的大小，从而达到调整振幅大小的目的，振动磨双振幅的近似值可以从振幅标示牌上读出。圆筒内的粉磨介质有钢球或钢棒两种。相同直径和级配的情况下，钢棒作为介质时的产率要高于钢球作为介质时的产率。因为用钢球作为介质时，要达到同样的粉状粒度，粉磨时间较长，但钢球作为介质时能达到更细的粒度。振动磨常用介质为 $\Phi 16 \sim 36mm$ 的钢棒，钢棒应经过渗碳和淬火，表面硬度应达到 HRC55 以上。入料粒度 $>15mm$ 时取较大直径，入料粒度 $<15mm$ 时取较小直径，并采用两种不同直径钢棒的混合级配较好。振动磨机主要由底架、机

体支架、隔声罩、机体、磨筒、激振器、衬板、弹性支承、磨破介质和驱动电机等几部分组成。

2ZM 系列振动磨的结构特点：①底架和机体支架通过弹性支承把机体弹性托起，并保持驱动电机与振动主体挠性连接距离不变；②隔声罩用来阻隔磨机工作时发出的噪声，以减少噪声对整个工作区的影响；③机体上紧固有磨筒，并装配有激振器；④磨筒是磨机振磨的工作体，用以盛装磨破介质和研磨物；⑤激振器用以把电机的转动力矩转化为磨机的周期振动；⑥衬板紧贴于磨筒内壁，用以保护磨筒，在磨筒内振磨物料时，同时对磨筒内壁也有较大磨损，在磨筒内装置易于更换的衬板，可提高整机的使用寿命；⑦弹性支承用以使磨机机体处于弹性状态，并基本隔绝机体振动时对底座的振动冲击；⑧磨破介质是磨机的研磨主体，用以对物料的冲击研磨；⑨驱动电机，给磨机振磨提供能量。

振动磨与上述球（棒）磨机的相同之处都是利用研磨介质实现对物料的超微粉碎，但两者在引发研磨介质产生作用力的方式上存在差异。与球（棒）磨机相比，振动磨的特点如下：

① 研磨效率高；

② 处理物料能力较同容量的球磨机大 10 倍以上；

③ 研磨成品粒径细，平均粒径可达 $2\sim3\mu m$ 以下；

④ 可实现连续化生产，并可以采用完全封闭式操作以改善操作环境；

⑤ 外形尺寸比球（棒）磨机小，占地面积小，操作方便，维修管理容易；

⑥ 干湿法研磨均可，但噪声大，且对机械零件的强度要求较高。

三、搅拌磨

搅拌磨是在球磨基础上发展起来的。搅拌磨的超微粉碎原理是：在分散器高速旋转产生的离心力作用下，研磨介质和液体浆料颗粒冲向容器内壁，产生强烈的剪切、摩擦、冲击和挤压等作用力（主要是剪切力），将浆料颗粒粉碎。搅拌磨能满足成品粒子的超微化、均匀化要求，成品的平均粒度最小可达到数微米，已在食品工业、精细化工、医药工业和电子工业等领域得到广泛的应用。

搅拌磨的搅拌器主要包括以下四种类型：棒式搅拌器、盘式搅拌器、螺旋式搅拌器及叶轮式搅拌器。

棒式搅拌器由搅拌轴和多层搅拌棒组成，搅拌棒形状简单，制造容易，但对介质的搅拌作用弱，承受磨损的能力也最差。由于搅拌棒工作阻力小，棒式搅拌器可同时适用于低速和高速搅拌磨机中。

盘式搅拌器由搅拌轴和多层盘形搅拌元件组成。搅拌盘较搅拌棒工作面积大，搅拌作用较强，工作阻力较小，适于高速工作，多用于高速搅拌磨机中。其承受磨损的能力也较强。搅拌盘形状较简单，制造比较容易。

螺旋式搅拌器由搅拌轴和螺旋组成。螺旋的工作面积大，所受工作阻力也大，搅拌作用和承受磨损的能力都较强，螺旋本身也妨碍着介质的运动，因此只适用于低速搅拌磨机中。另外，螺旋式搅拌器可以搅拌较大规格的介质，允许的给料粒度较大，常用于再磨和超细磨的较粗粒度阶段。

叶轮式搅拌器由搅拌轴和若干叶轮组成，用于立式搅拌磨机中叶轮可以看作是截取多头螺旋形搅拌元件的一部分而形成的，因此其特点与螺旋式搅拌器相似。由于叶轮不是连续的螺旋，介质运动空间较大，因此可以以较高的转速工作，从而产生较高的搅拌强度和效率，以及较细的产品粒度。与搅拌棒和搅拌盘相比，叶轮具有工作面积大、在工作中所受的阻力大和承受磨损的能力较强的特点。它不但使粉磨介质产生径向运动和切向运动，还使介质产生向上或向下的轴向运动，因此，叶轮式搅拌器能获得更高的搅拌磨效率。

搅拌磨叶轮的种类见图 3-6。

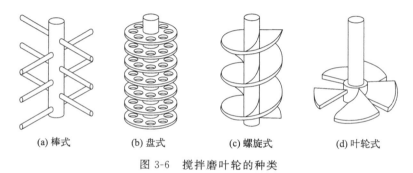

(a) 棒式   (b) 盘式   (c) 螺旋式   (d) 叶轮式

图 3-6 搅拌磨叶轮的种类

第四节 气流粉碎机

气流粉碎机利用压缩空气或过热蒸汽为介质产生高压并通过喷嘴产生超速气流作为物料颗粒的载体，使颗粒获得巨大的动能，两股相向运动的颗粒发生相互碰撞或冲击固定板，从而达到粉碎的目的。与普通机械式超微粉碎机相比，气流粉碎机可将产品粉碎得很细，产品细度可达 $1\sim5\mu m$，具有粒度分布范围窄、颗粒表面光滑、颗粒形状规整、纯度高、活性大、分散性好的特点。又因为气体在喷嘴处膨胀可降温，粉碎过程不伴生热量，所以粉碎温升很低。这一特性对于低熔点和热敏性物料的超微粉碎特别重要，适合于低熔点、热敏性物料的超细微粉碎。但是，气流粉碎能耗大，高出其他粉碎方法数倍。

气流粉碎机由粉碎机、分级机、收集器、除尘器、引风机和消声器六部分组成。如图 3-7 所示，气流粉碎机的工作原理是将经过净化和干燥的压缩空气通过一定形状的特制喷嘴，形成 3600km/h 速度的气流，以其巨大的动能带动物料在密闭粉碎腔中互相碰撞，使莫氏硬度 1～10 级的物料粉碎成超微粉。所需微粒的大小及产量可以通过调节粉碎分级机的工作参数来进行有效控制。该系列超微粉碎机粉碎范围很广，从柔软的蔬菜，到坚硬的金刚石都可粉碎。压缩空气因加速而急剧吸热膨胀，可在粉碎腔中形成 -40℃ 的低温，因此物料化学性质不会改变。

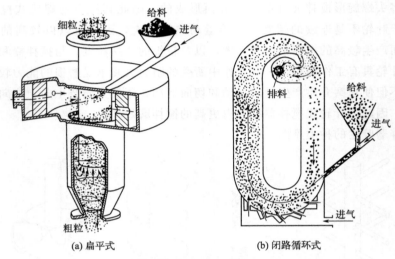

图 3-7　气流粉碎机工作原理示意图

将目前的气流粉碎机分为以下 5 种，即：

（1）扁平式气流粉碎机　扁平式气流粉碎机是一种早期开发的气流粉碎机，是一种利用颗粒间及颗粒与粉碎腔内壁的碰撞、剪切、摩擦而实现粉碎的设备。它的主要部件有：一个圆盘粉碎腔，布置在喷射环上与粉碎腔平面成一定角度的若干个（6～24 个）高压工质喷嘴，喷射式加料器，成品捕集器等。这种机型结构简单，操作方便，而且具有自分级功能，特别适用于脆性软质物料的粉碎。但突出的缺点是粉碎腔磨损严重，对产品构成一定污染，极限粒径比较高。

（2）循环管式气流粉碎机　循环管式气流粉碎机主要由 O 型循环管、高压工质喷嘴、文丘里管及加料喷射器等几部分构成。物料进入循环管后，通过颗粒和管壁的摩擦、碰撞等实现物料的粉碎。这种机型虽然体积小、生产能力大，但是对管道壁的磨损严重，不适合高硬度和高纯度要求的物料的粉碎，通常需要使用超硬、高耐磨材料作衬里。

（3）靶式气流粉碎机　固定靶式气流粉碎机是最早出现的一种气流粉碎机，它由高速气流夹带物料颗粒高速撞击固定靶板而使物料粉碎。另外还有一种活动靶式气流粉碎机，它的靶呈圆柱形并且缓慢转动，从而使靶的磨损比较均匀。由于气流夹带物料对靶板的冲击十分强烈，一般会使靶板的冲蚀非常严重，对产品造成一定的污染。因此，靶式气流粉碎机的工业化应用受到一定限制，一般只用来处理较粗的粒子，而且应用比较少，已经趋于淘汰。

（4）对撞式气流粉碎机　对撞式气流粉碎机是一种利用两股高速射流相互对撞来使其中的固体颗粒被粉碎的装置，其成功解决了高速气流对冲击部件的严重磨损问题。这种机型生产能力大，冲击强度大，可以粉碎莫氏硬度 9.5 以下的硬质、脆性、韧性的各种物料。由于避免了高速射流对固定冲击部件的磨损，因此可生产较高纯度的产品。

（5）流化床对喷式气流粉碎机　流化床对喷式气流粉碎机于 1981 年由德国的 Apline 公司首先研制成功，是目前气流粉碎机的主导机型，应用广泛，型号比较多。按照给料方式可以分为重力给料式和螺杆给料式两种。它的工作原理是，物料利用二维或三维设置的数个喷嘴（3～7 个）喷汇的气流冲击能，及其气流膨胀呈流化床悬浮翻腾而产生的碰撞、摩擦进行粉碎，并在负压气流带动下通过顶部设置的涡轮式分级装置分级，细粉排出机外由旋风分离器及袋式收集器捕集，粗粉受重力沉降返回粉碎区继续粉碎。

它的突出优点是，噪声低，占地面积小，产品细度高，粒度分布窄，能耗低，与扁平式气流粉碎机相比约可节能 30%～40%，粉碎效率高，采用 Al_2O_3、SiC 等材料制作易磨损件，因而可生产莫氏硬度大于 10 的产品和高纯度产品。

第五节　喷雾干燥机

喷雾干燥机是一种可以同时完成干燥和造粒的装置，如图 3-8 所示。按工艺要求可以调节料液泵的压力、流量、喷孔的大小，得到所需的大小呈一定比例的球形颗粒。喷雾干燥机为连续式常压干燥器的一种，用特殊设备将料液喷成雾状，使其与热空气接触而被干燥。可用于干燥一些热敏性的液体、悬浮液和黏滞液体，如牛奶、蛋、单宁和药物等；也可用于干燥燃料、中间体、肥皂粉和无机盐等。空气经过滤和加热，进入干燥器顶部空气分配器，热空气呈螺旋状均匀地进入干燥室。料液经塔体顶部的高速离心雾化器，被（旋转）喷雾成极细微的雾状液珠，与热空气并流接触，在极短的时间内可被干燥为成品。成品连续地由干燥塔底部和旋风分离器输出，废气由引风机排空。喷雾干燥机干燥速度快，料液经雾化后表面积大大增加，在热风气流中，瞬间就可蒸发 95%～98% 的水分，完成干燥仅需数秒钟，特别适用于热敏性物料的干燥。

离心喷雾干燥机即是利用离心式雾化器将某些液体物料进行干燥的干燥机，是目前工业生产中使用最广泛的干燥机之一。离心喷雾干燥机的工作原理是：空气通过过滤器和加热器，进入离心喷雾干燥器顶部的空气分配器，热空气呈螺旋状均匀进入干燥器；料液由料液槽经过滤器由泵送至干燥器顶部的离心雾化器，

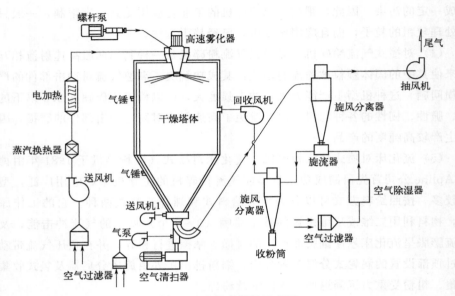

图 3-8 喷雾干燥机示意图

被喷成极小的雾状液滴；液滴和热空气并流接触，水分被迅速蒸发，在极短时间内即可干燥成成品；成品由干燥塔底部和旋风分离器排出，废气由风机排出。

喷雾干燥是液体工艺成形和干燥工业中最广泛应用的工艺，最适用于溶液、乳液、悬浮液和可泵性糊状液体原料，可生产粉状、颗粒状产品。因此当颗粒大小分布、残留水分含量、堆积密度和颗粒形状符合精确的标准时，喷雾干燥是一道十分理想的工艺。其特点包括：①干燥速度快，料液经雾化后表面积大大增加，在热风气流中，瞬间就可蒸发 95%～98% 的水分，完成干燥只需 5～15s，具有瞬时干燥特点；②采用特殊的分风装置，降低了设备阻力，并有效提供了干燥器的处理风量；③生产过程简化，适宜连续控制生产，含湿量 40%～90% 的液体可一次干燥成粉，粉碎、筛选等工序减少，产品纯度提高；④物料在短时间内完成干燥过程，适应于热敏性物料的干燥，能保持物料的色、香、味；⑤产品分散性、流动性、溶解性良好，产品粒径、松散度、水分含量在一定范围内可调，控制和管理都很方便。

几种较常见的离心喷雾干燥机介绍如下：

(1) DIS 系列高速离心喷雾干燥机 DIS 系列高速离心喷雾干燥机主要用于化工、轻工、食品、医药及建材等行业，可对溶液、乳浊液及糊状液等物料进行干燥。干燥速度快，料液经雾化后表面积大大增加，在热风气流中可瞬间蒸发95%～98% 的水分，完成干燥仅需数秒钟，特别适用于热敏性物料的干燥。其生产过程简化，操作控制方便，对于湿含量 40%～60%（特殊物料可达 90%）的液体能一次将其干燥成粉粒产品，干燥后不需粉碎和筛选。DIS 系列高速离心喷雾干燥机可提高产品纯度，对产品粒径、堆密度、水分在一定范围内可通过改变操作条件进行调控。

（2）LPG系列高速离心喷雾干燥机　LPG高速离心喷雾干燥机是一种适用于乳浊液、悬浮液、糊状物、溶液等液体干燥的专用干燥设备。在如下物质的干燥上表现尤为突出：聚合物和树脂类；染料、颜料类；陶瓷、玻璃类；除锈剂、杀虫剂类；碳水化合物、乳制品类；洗涤剂和表面活性剂类；肥料类；其他有机化合物、无机化合物类。

（3）LGZ系列高速离心喷雾干燥机　LGZ系列高速离心喷雾干燥机可以将溶液、乳液、悬浮液、糊状物料喷雾干燥成干粉，且速度快、效率高、工序少，可保持物料的色、味、香，干粉溶解性好、纯度高，运行环境好。现已基本实行自动化作业，可广泛用于化工、石化、冶金、食品、医药、建筑、陶瓷、林产化工等部门。

第六节　新型加工设备

一、CZJ自磨型超微粉碎机

CZJ自磨型超微粉碎机是我国开发出的新产品，该机集卧式涡轮分级机和自转滚轮与磨盘组成的机械冲击式粉碎机于一体，具有能在不停机的情况下调节成品细度、能粉碎高硬度物料、产品粒度细而均匀、处理数量大、生产率高、能耗低、噪声小、产品品质好（不但能避铁，而且能提高物料细度）、使用可靠性高等特点。该设备的研制成功解决了高硬度非金属物料超微粉碎的难题，其主要技术性能处于国内领先水平，达到国外同类产品水平，可替代进口。该设备不仅可应用于非金属矿，而且还可广泛应用于含水量在5％以下的纤维性物料的粉碎，并可在化工、医药、食品行业上进行各类高硬度材料的粉碎。

这种新颖粉碎设备的问世，将对我国粉体行业增加产品品种、提高产品质量、降低生产成本、增强市场竞争力、充分利用有限的矿产资源提供强有力的保障。

二、QWJ气流涡旋微粉机

为了改变国内尚无集粉碎与气流分级双重功能于一体的微粉碎机现状，满足市场对高档超微粉碎设备的需求，我国科研人员研制成功QWJ气流涡旋微粉机。如图3-9所示，本机的机腔为圆筒形，由一环形将其分为上下两部分，下部分为进气室，上部由分流环分隔成粉碎室和分级室。粉碎室将物料击碎成细粉后送入分级室，分级室能把细粉分成粒度达标和未达标两种规格，达标细粉经出料管吸出，由旋风集料器收集；未达标的细粉沿分流环内壁回落到粉碎室，继续粉碎，直到达标为止。其特点：①本机是一种立轴反射型微粉碎机，在粉碎室内设有分级装置，粉碎后的物料受气流作用，经分级装置而收集，分级装置取代通常的粉碎机筛网，能同时完成微粉粉碎和微粉分选的两道加工工序，粉碎效率高；②机内装有气流流量调节阀和分级叶轮无级调速器，不用停机即可调节产品的粒度，产品粒度均匀，细度可达 $5\sim10\mu m$；③该机具有冷却功能，粉碎时温升低，特别适用于加工热敏性和纤维性物料，产品均匀；④维修、操作和清理方便，生产能力大；⑤采用新型进口窄 V 带传动，传动功率大，运转平衡，振动小，噪声低。

图 3-9　QWJ 气流涡旋微粉机示意图

该气流涡旋微粉机除应用于食品工业外，还可广泛应用于化工、医药、饲料、塑料、橡胶、烟草、农药、非金属矿等行业的超细粉碎，是一种高细度、低噪声、高效率的节能理想型粉碎机。

三、新型 WDJ 系列涡轮式粉碎机

WDJ 系列涡轮式粉碎机也是我国研制出的新型粉碎设备，见图 3-10。WDJ系列涡轮式粉碎机的主要结构是机壳两端配以滚动轴承支承主轴，由电动机通过带传动，带动主轴及紧固在主轴上的涡轮高速旋转。涡轮与筛网圈上的磨块组成合理、紧凑的结构，使进入机器的物料，在旋转气流中紧密地摩擦和强烈地冲击（发生在涡轮的叶片内边上），并在叶片与磨块之间的缝隙中进行再次研磨，在此过程中，涡轮吸进了大量的空气，起到了冷却机器、磨料、传送细粉的目的。实际获得粉碎的细度，还取决于预定物料、筛孔形状和尺寸以及物料和空气的通过量。

WDJ 系列涡轮式粉碎机，结构紧凑合理、体积小，且具有能耗低、效率高、

图 3-10 WDJ 系列涡轮式粉碎机示意图

转动平稳、噪声低、密封可靠、无粉尘污染、自冷功能良好、安装简单、易拆易修、调换易损件方便等特点。该设备以其过硬的质量、卓越的性能和广泛的用途获得国家有关部门的肯定，并已向全国推广使用。长期以来，我国许多行业一般采用牙盘式、鼠笼式、锤片式、齿爪式等粉碎机，普遍存在着效率差、产量低、能耗高、噪声大、粉尘污染严重等问题，WDJ 系列涡轮式粉碎机的开发，则成功克服了上述缺陷。WDJ 系列涡轮式粉碎机采用高速旋转的涡轮和装在筛网圈上的磨块结构，在工艺上采用迷宫式密封措施，可适用于化工、染料、颜料、助剂、饲料、食品、医药、塑料（PVC）、非金属矿等行业的中、低硬度物料的粉碎加工。

该设备具有如下优点：选用不同网径罗底调整即可达到不同细度要求（40～325 目）；运行时不用固定基地便可运行；在常温，不需要冷配的前提下，对聚乙烯等物料可进行连续性粉碎，自冷功能好，大大降低了生产成本；安装检修方便；无粉尘污染，可改善操作环境。同时，该机设计合理、结构新颖、技术经济指标先进，它的推广使用，具有重大的经济效益和社会效益。

四、新型 GJF 干燥超微粉碎机

新型 GJF 干燥超微粉碎机是国家级火炬计划重点项目，同时该产品还是国家重点新产品。GJF 干燥超微粉碎机集干燥、超微粉碎、分级三重工艺于一体，成功地解决了含水量高的物料的超微粉碎难题，是粉体工程的重大突破，其技术处于国内领先水平。该设备所采用的三角形齿圈定子、带高速活动锤的转子结构以及带变速分散机构的双螺旋加料装置属国内首创。

该机自研制以来，运用引进的德国 HOBER 先进技术优化产品结构，进行了创新改造，将高精度涡轮式超微分级机和高速冲击式超微粉碎机有机结合起来，在粉碎过程中达到最大的节能效果。主要创新点为：

① 下部由带三角形齿圈的定子和高速活动冲击锤组成环形粉碎空间，物料在这个空间内因受到强烈的冲击而被粉碎至粒径低达 $3\mu m$ 以下的成品；

② 上部为叶片后倾的多叶片式高精度分级轮，通过调节分级轮的转速，可分选出不同粒度的成品物料；

③ 采用带变速分散装置的双螺旋机构，使附着力很强的湿物料被充分分散后均匀加入粉碎机内；

④ 干燥粉碎时间短，提高了产品质量。

该机具有干燥效果好、粉碎粒度细、能耗低、使用寿命长等特点，特别适用于化工、食品、染料等行业的干燥超微粉碎，能最大限度地提高产品质量和生产率，经济效益和社会效益显著。

目前，GJF 干燥超微粉碎机各项性能均达到国外同类产品水平，且价格只有进口价的 1/3～1/5，已经替代进口产品在国内多家企业广泛应用并出口马来西亚、印度尼西亚等东南亚国家。

第四章　果品的粉制加工技术实例

04 Chapter

　　果品都含有丰富的糖分、脂肪、蛋白质及各种维生素，营养价值高，对促进人体健康有重要作用。经常食用果品，具有一定的滋补效果和保健作用，可调节人体代谢，预防疾病，益寿延年。我国果品总产量居世界第一，而新鲜果品的腐烂损耗率达到30％左右。

　　目前食用果品主要以鲜食为主，同时一直沿袭传统的加工方法，如罐装、制作果脯和果汁等，已难以满足消费者需求和提高效益。本技术将新鲜果品经深加工制成微细粉产品，可充分发挥营养成分的作用，使其口感更佳，使用方便，并可拓宽应用范围。将新鲜蔬菜水果加工成果蔬粉，具有明显的优点：一是果蔬粉水分含量低，可以延长贮藏期，降低贮藏、运输、包装等费用；二是原料的利用率高，果蔬制粉对原料的要求不高，特别是对原料的大小、形态没有要求；三是加工制成果蔬粉后，拓展了果蔬原料的应用范围。研究表明，果蔬粉几乎能应用到食品加工的各个领域，可用于提高产品的营养成分，改善产品的色泽和风味等。传统工艺是果蔬原料先干燥脱水，再进一步粉碎；或先打浆，均匀后再进行喷雾干燥。现有的果蔬粉品种不仅很少，而且颗粒太大，使用时不方便，且由于制粉时物料的温度过高，破坏了产品的营养成分、色泽和风味，甚至产生焦煳味。目前国外果蔬粉的加工朝着低温超微粉碎的方向发展，颗粒可以达到微米级，使用时更方便，更容易消化，口感更好，能实现果蔬的全效利用。

第一节　枣的粉制加工技术

【说明】

红枣，又名大枣。特点是维生素含量非常高，有"天然维生素丸"的美誉，具有滋阴补阳、补血之功效。红枣为温带作物，适应性强。红枣素有"铁杆庄稼"之称，具有耐旱、耐涝的特性，是发展节水型林果业的首选良种。据研究，红枣营养很丰富，含较多的碳水化合物、蛋白质、脂肪、多种维生素和矿物质，并且含有重要的生理活性物质，如大枣多糖、环磷酸腺苷、环磷酸鸟苷和维生素 P 等，特别是维生素 P 居果中之冠。传统的枣汁提取工艺主要是通过高温提取，不仅破坏了红枣中的营养成分，而且对枣汁的色香味影响也很大。温度越高香气损失越大，而且还会产生一股苦味。通过对枣进行超微粉碎、低温提取、酶解及利用无机膜进行超滤，再经真空浓缩得到浓缩红枣汁，最后进行喷雾干燥得到速溶红枣清粉，最大限度地保持了枣原有的营养以及风味，是真正的绿色、保健、无公害产品，这完全迎合了消费者的消费心理，因而将会成为市场消费的热点，必将带来良好的经济效益和社会效益。

【材料与设备】

进行大枣的粉制加工主要应该配备提取罐、蝶式离心机、无机陶瓷膜过滤器、三效蒸发器、卧螺机、高剪切配料罐、电动高速离心喷雾干燥机等设备。大枣应选择无病虫害和无霉烂的干枣。

【操作要点】

（1）原料　应挑选无病虫害和无霉烂的干枣为原料。

（2）洗果　先用清水将泥沙等附着物洗掉，然后再用处理水清洗。

（3）预煮　预煮温度为 95℃，时间不能过长，应控制在 3min。

（4）提取　预煮后的枣经打浆、磨细后放入提取罐中提取，温度为 50℃，分两次提取，每次提取时间为 130min。

（5）酶解　提取后的枣浆经卧螺机分离后进行酶解，酶解时间为 120min，温度为 50℃，酶解后进行瞬时灭酶。

（6）超滤　酶解后的枣汁经过蝶式离心机分离，再经无机陶瓷膜过滤后杀菌贮藏。

（7）浓缩　采用三效浓缩设备，满足了低温浓缩的要求，提高了浓缩效率。

（8）配料　采用高剪切配料罐将杀菌后的枣汁、纯净水和载体充分混匀。

（9）喷雾干燥　采用电动高速离心喷雾干燥机进行喷雾，避免了粘顶、粘壁现象。

【工艺流程】

红枣→洗果→浸泡→预煮→打浆→精磨→提取→分离→酶解

　　　　　　　　　　　　　　　　　　　　　　　　　↓

灌装←成品（浓缩汁）←浓缩←杀菌←无机膜过滤←分离←灭酶

　　　↓

配料→杀菌→喷雾干燥→包装→成品（枣清粉）

【产品质量】

浓缩枣汁经喷雾干燥得到的枣清粉质量较好。十几年来，许多企业因为设备落后，根本就生产不出枣粉，即使有个别企业能够生产，但发生的粘壁、粘顶现象非常严重。采用高新技术的结晶——电动高速离心喷雾干燥机，具有节能、生产效率高等特点，利用此喷雾干燥机生产的枣粉粒度均匀，而且在设备的内壁加了一个鼓风口，让风沿着内壁旋转，这样就解决了以往喷雾过程中的粘壁、粘顶现象。

利用超微粉技术将资源丰富的红枣加工成营养丰富、具有原枣风味的浓缩汁和粉，工艺线路先进、合理。对枣进行超微粉碎，提高了提取率。枣汁的提取、分离及浓缩均采用低温技术，因而确保了枣中的营养成分和香气。同时，红枣中含有重要的生理活性物质环磷酸腺苷（cAMP）和环磷酸鸟苷（cGMP），它们均微溶于水。因此，加工产品后的残渣中仍含有大部分的 cAMP 和 cGMP，将它们提取出来制成抗癌药品，还可以对枣渣进行综合利用。

第二节　柿子的粉制加工技术

【说明】

柿子又名朱果、米果、猴枣，是柿科植物干果类水果，成熟季节在十月左右，果实形状较多，如球形、扁桃形、近似锥形、方形等，不同的品种颜色从浅橘黄色到深橘红色不等，大小 2～10cm，质量 100～450g。柿子原产于我国，在我国已有 3000 多年的栽培历史。柿子是一种营养成分丰富、营养价值较高的水果，含有大量的果糖、葡萄糖、蔗糖、维生素、氨基酸和矿物质等，是人们十分喜爱的水果之一。但是，柿子难以贮存保鲜，且极易霉变腐烂，上市时间短。利用真空冷冻干燥技术和气流粉碎机超微粉碎技术制粉，是解决这一难题的有效方法。冻干柿子超微粉中柿子的营养成分不受损失，是柿子深加工的最佳途径。

【材料与设备】

进行柿子的超微粉加工主要应该配备真空冷冻干燥机、气流粉碎机、植物粉碎机、激光粒度仪、电热恒温鼓风干燥箱等设备。柿子应选择新鲜无病虫的果实。

【操作要点】

（1）原料处理　选取新鲜的柿子，去除病残果实，清洗干净后采用高温脱涩或采用二氧化碳法脱涩，备用。

（2）冷冻干燥　把清洗干净的柿子放在真空冷冻干燥机里进行冷冻干燥处理，处理时间为 30min。

（3）粉碎　干燥后的柿子利用植物粉碎机进行粉碎处理，再利用气流粉碎机进行细粉碎。

（4）超微粉碎　利用超微粉碎机进行超微粉碎，过筛后得到超微粉体，要求粉体颗粒直径 $8\mu m$，表面积为 $0.95m^2/mL$，且超微粉体粒度分布均匀。

【工艺流程】

鲜柿子→脱涩→清洗→真空冷冻干燥→粗粉碎→细粉碎→超微粉碎→成品

【产品质量】

经测定冻干柿子的超微粉中人体必需矿物质元素齐全，且对改善心血管系统有重要生理功能的 Ca、Mg、K 含量较高（表4-1）；氨基酸总量增加了35%，其蛋白质品质要优于鲜柿子（表4-2）；维生素（表4-3）、总糖、脂肪、蛋白质、纤维素五大营养素齐全，且含量合理，其综合营养价值较鲜柿子高。可以看出，柿子超微粉的营养价值高于鲜柿子。

表 4-1　冻干柿子超微粉和鲜柿子的矿物质元素含量

项目	Na	Ca	Mg	P	K	Cu	Fe	Mn	Zn	Se	I	Co
冻干柿子超微粉/$(\mu g/g)$	240.6	832.0	508.1	900.0	620.0	1.25	103.4	5.83	6.75	0.04	504.1	480.2
鲜柿子/$(\mu g/16g)$	256.0	824.0	502.0	969.0	680.0	1.10	124.5	5.66	6.20	0.03	562.3	468.1

表 4-2　冻干柿子超微粉和鲜柿子的氨基酸含量比较

氨基酸种类	冻干柿子超微粉氨基酸含量/(g/100g)	鲜柿子氨基酸含量/(g/1600g)
天冬氨酸	0.3434	0.2129
苏氨酸	0.1682	0.1256
丝氨酸	0.1645	0.1325
谷氨酸	0.4497	0.2068
脯氨酸	0.1448	0.1662
甘氨酸	0.1693	0.1346
丙氨酸	0.1521	0.1221
胱氨酸	0.01204	0.01002
缬氨酸	0.1537	0.1232
蛋氨酸	0.05513	0.04521
异亮氨酸	0.1690	0.07482
亮氨酸	0.2500	0.1467
酪氨酸	0.1144	0.09382
苯丙氨酸	0.1692	0.1068

氨基酸种类	冻干柿子超微粉氨基酸含量/(g/100g)	鲜柿子氨基酸含量/(g/1600g)
赖氨酸	0.2195	0.2667
组氨酸	0.06069	0.08828
精氨酸	0.1486	0.1162
色氨酸	0.08020	0.06280
总计	3.01906	2.23525

表 4-3　冻干柿子超微粉和鲜柿子的维生素含量比较

项目	维生素 E	维生素 C	维生素 B_2	维生素 B_1	维生素 A
冻干柿子超微粉维生素含量/(mg/100g)	1.83	37.00	0.07	0.03	13.56
鲜柿子的维生素含量/(mg/1600g)	1.21	42.0	0.10	0.01	10.62

第三节　芒果的粉制加工技术

芒果又名檬果、漭果、闷果、蜜望、望果、面果和庵波罗果等。芒果果实营养价值极高，维生素 A 含量高达 3.8%，比杏子还要多出 1 倍；维生素 C 的含量也超过橘子、草莓；芒果还含有糖、蛋白质及钙、磷和铁等营养成分，均为人体所必需。

芒果粉有成熟芒果粉和生芒果粉两种。成熟芒果粉简称芒果粉，是以成熟芒果原浆为原料经脱水干制、粉碎后制得的产品；而生芒果粉则是以未熟落果或酸芒果片为原料经脱水干制、粉碎后制得的产品。两种芒果粉均可作为其他芒果味食品的加工原辅料用，前者可用来加工各种果味甜食甜点，配制芒果粉饮料、芒果冻等产品，后者则可用来制作芒果酸辣酱等调味品。在印度注册的 53 种香料和调味品中，生芒果粉占有一定地位。

一、生芒果粉的生产

1. 生产工艺

干制后的未熟落果或酸芒果片→粉碎→筛分→再碾细→成品包装

2. 加工技术要求

（1）原料　制作生芒果粉时，芒果原料可以选加工制得的未熟落果、酸芒果干片，也可以选新鲜未熟落果、酸芒果制得干芒果片，再备后道粉碎工序之用。为防止影响制粉效果，干芒果片的含水量不得超过 2%。

（2）粉碎、筛分　干芒果片可先后多次使用不同筛孔尺寸的锤磨机粉碎，直至粉粒细至工艺要求，然后用振动筛分离出符合工艺要求的细粉即可。

粉碎后的芒果细粉粒，在振动筛的高频率、小振幅的反复运动过程中得到分离，细粉通过筛孔落下并被收集，粗粉顺着倾斜的筛面由出料口排出。

由筛分机排出的粗粒可返回粉碎机中再次粉碎，而细粉直接送包装间包装。

（3）成品包装　生芒果粉要求呈白色、浅黄色或浅褐色，松散，盐分含量1.5％左右，糖含量11％～15％，pH 值 3.38～3.47，水分含量 2％左右。采用密封单层塑料纸袋（200g 规格）包装，外套硬纸盒，并在硬纸盒外部包一层玻璃纸。

二、芒果粉的生产

1. 生产工艺

芒果原浆→干燥→粉碎→筛分→碾细→成品包装

2. 加工技术要求

（1）原料　制作芒果粉的原料多为芒果原浆。其来源既可以是半成品，也可以是鲜芒果经清洗、去皮去核、打浆制得。

（2）干燥　以芒果原浆为原料制作芒果粉的干燥方法很多，目前主要用的是冷冻干燥、喷雾干燥和真空滚筒干燥。

① 冷冻干燥　芒果原浆在冷冻干燥前应先进行高温短时杀菌，快速冷却，并装入盘中大约 12mm 厚。然后快速冻结成块。接着卸盘，将块状芒果原浆切成小方块，再度进行冷冻。而后送真空干燥设备中升华干燥。干燥后果粉的含水量 1％～2％，复水性好，色香味因采用冷冻干燥技术而得到最大限度的保留。

② 喷雾干燥　芒果原浆一般稠度较高，不如果汁（浆）生产果粉时的喷雾干燥那么容易。通常需将芒果原浆加水稀释，然后加热杀菌，并快速送入高速离心喷雾干燥设备完成干燥。离心喷雾器的转速约为 14000r/min，浆料微粒与热介质相遇混合得到干燥。干燥后的粉粒料应立即冷却、粉碎。

③ 真空滚筒干燥　芒果原浆经高温短时杀菌冷却后，直接送真空式双滚筒干燥设备干燥成片，再粉碎成细粉状即可。

（3）粉碎筛分　无论用哪种干燥方法干燥，芒果粉都需经过粉碎、筛分、碾细的过程，方可得到成品。粉碎和碾细均可用双辊式粉碎机来实现操作，筛分可用振动筛进行。

（4）成品包装　芒果粉成品呈黄色或浅黄色，具有芒果风味，松散，水分含量在 1％～3％，糖度、酸度分别比生芒果粉高和低，一般糖度 20％左右，pH 值 4.5 左右，要求具有较强的复水性。成品包装方式与生芒果粉相同。

第四节　黑莓的粉制加工技术

【说明】

黑莓（blackberry）原产于北美洲，为蔷薇科悬钩子属（*Rubus*）多年生藤本植物，由于果实柔嫩多汁，香味宜人，口感独特，被誉为"黄金水果"，具有很高的营养价值和药用价值。黑莓富含维生素，氨基酸种类齐全，另外还含有锌、硒等多种矿物质和其他微量元素，维生素 C 含量高于苹果和柑橘，且花色苷含量很高，而多酚类化合物在体内通过发挥抗氧化作用，可以降低心脏病、癌症和其他慢性病的发生率。黑莓在我国中药成分统归属于覆盆子类，味甘、酸、性温，归肝、肾、膀胱经。黑莓极不容易保存，采摘后 4h 内必须清洗杀菌急冻保存，否则营养成分大量流失且发酵变质，目前中国出产的黑莓主要加工成冻果出口到欧美、澳大利亚等地，因此黑莓成为唯一一种难以在市场上买到鲜果的水果。采用黑莓浓缩汁为原料，经特殊的加工与干燥技术可制成保有黑莓自然浓厚香气及口感、外观呈红紫色的均匀细致粉末，适合应用于幼儿食品、保健食品、调味奶粉、谷物食品、果冻粉及休闲食品等各类食品。

【材料与设备】

进行黑莓粉制加工主要应该配备离心式喷雾干燥机、真空干燥箱、打浆机、高压均质机、真空浓缩设备、阿贝折射仪等设备。黑莓应选择新鲜无病虫的果实。

【操作要点】

（1）挑选清洗　选择较饱满颜色较深的黑莓成熟果，此时黑莓中的糖分含量高，可获得良好的口感。去除黑莓果柄，在三级流动水中清洗黑莓。

（2）打浆　将黑莓果用螺杆式榨汁机进行打浆，得到均匀细腻不易分层的浑浊汁。

（3）胶磨、均质　所得黑莓果浆先经胶体磨胶磨，之后进入均质机均质，入口压力 10MPa，出口压力 20MPa。

（4）过滤　将上述处理的浆液进行离心分离，条件为 3000r/min，得到果汁（上清液）及果渣（下层沉淀），用滤布过滤，得到澄清的果汁。

（5）配制　在上述处理后的黑莓果汁中加入适量助干燥剂（麦芽糊精），均质使体系稳定均一。

（6）喷雾干燥　喷雾干燥处理调配好的黑莓汁，入料浓度 40%，入料流量 60mL/min，入料温度 50℃，进风温度 200℃，在此条件下所得黑莓粉出粉率为 16.5%。

【工艺流程】

配料（助干剂、抗结剂）
↓
鲜黑莓→去蒂→清洗→榨汁→浓缩→均质→料液→喷雾干燥→收集→冷却→包装贮藏

【产品质量】

理化指标：含水量为 3.25％，流动性 9.4cm，润湿性为 160s。

感官指标：色泽深红色，具有黑莓特有的香味，在 50℃、80％ 相对湿度下不吸潮；冲饮口感细腻，无糊状感，无结块现象，分散时间＜30s。

微生物指标：菌落总数≤1000CFU/g，大肠杆菌未检出，致病菌未检出。

第五节　菠萝的粉制加工技术

【说明】

菠萝（pineapple）又名凤梨、王梨等，和香蕉、荔枝、芒果并列为世界四大名果，气味芳香，果肉甜美。菠萝果实品质优良，营养丰富，含有大量的果糖、葡萄糖、B 族维生素、维生素 C、磷、柠檬酸和蛋白酶等物质。每 100g 菠萝含水分 87.1g，蛋白质 0.5g，脂肪 0.1g，纤维素 1.2g，烟酸（又称尼克酸）0.1mg，钾 126mg，钠 1.2mg，锌 0.08mg，碳水化合物 8.5g，钙 20mg，磷 6mg，铁 0.2mg，胡萝卜素 0.08mg，硫胺素 0.03mg，核黄素 0.02mg，维生素 C 8～30mg，灰分 0.3g，另含多种有机酸及菠萝蛋白酶等。

菠萝味甘、微酸、微涩，性微寒，具有清暑解渴、消食止泻、补脾胃、固元气、益气血、消食、祛湿、养颜瘦身等功效，为夏令医食兼优的时令佳果，不过一次也不宜吃太多。菠萝含有菠萝蛋白酶，它能分解蛋白质，帮助消化，溶解阻塞于组织中的纤维蛋白和血凝块，改善局部的血液循环，稀释血脂，消除炎症和水肿，能够促进血液循环。尤其是过食肉类及油腻食物之后，吃些菠萝更为适宜，可以预防脂肪沉积。菠萝蛋白酶能有效分解食物中的蛋白质，增加肠胃蠕动。这种酶在胃中可分解蛋白质，补充人体内消化酶的不足，使消化不良的病人恢复正常消化机能。这种物质可以阻止凝胶聚集，可用来使牛奶变酸或软化其他水果，但这种特点在烹饪中会被减弱。此外，菠萝中所含的糖、酶有一定的利尿作用，对肾炎和高血压者有益，对支气管炎也有辅助疗效。由于纤维素的作用，菠萝对便秘治疗也有一定的疗效。当出现消化不良时，吃点菠萝能开胃顺气，解油腻，能起到助消化的作用，还可以缓解便秘。除此之外，菠萝富含维生素 B_1，能促进新陈代谢，消除疲劳感。菠萝汁有降温的作用，并能有效预防支气管炎，但是发热患者最好不要食用。经医学研究，自古以来，人类就常常凭借菠萝中含有的菠萝蛋白酶来舒缓嗓子疼和咳嗽的症状。菠萝皮中富含菠萝蛋白酶，有丰富的药用价值，据国外专家 20 多年实验，长期食用菠萝皮，心脑血管疾病、糖尿病发病率显著降低，并有一定的抗癌效果。

中国菠萝主要种植区域分布在广西、广东、海南、福建等省及自治区，且多以小型农户自发种植为主，管理粗放，鲜果商品质量不高，品种以鲜食为主，加工产品以糖水罐头为主。将菠萝打浆之后干制成粉，具有方便、健康、无须冷藏、保藏运输费用低等优点。菠萝粉不仅可作为固体饮料，还可作为糕点、饼干、面包等诸多食品的添加剂，改善制品的营养结构，使制品在色香味上更胜一筹，因此有着广阔的市场前景。

【材料和设备】

进行菠萝粉制加工主要应该配备果汁压榨机、胶体磨、高压均质机、真空浓缩设备、真空干燥箱等设备。菠萝应选择成熟度80％以上无虫害的鲜果。

【工艺流程】

菠萝→切块→打浆→加热灭酶→调配→胶体磨→热风或真空干燥→集粉→粉碎
产品←检验←包装←┘

【操作要点】

（1）挑选清洗　选择成熟度80％以上无虫害的菠萝鲜果，洗净其表面泥沙，去皮，雕目。

（2）预处理　切成1cm厚的菠萝果片，立即投入一定量的净水中，在温度95～100℃加热30～45s，同时，在水中加入溶液总量0.05％的抗氧化剂维生素C来防止原料变色。

（3）打浆　用打浆机打浆，打浆时间为2min。

（4）酶解　按原料量的0.15％加入果胶酶，调整pH值为4.0，在温度40～45℃酶解2h。

（5）胶磨、均质　添加糖和各种添加剂（3％β-环糊精和3％硬脂酸镁），将胶体磨的磨盘间隙调整为10μm，进行胶磨，胶磨后在20MPa压力下均质。

（6）浓缩、干燥　真空浓缩，采用真空干燥箱，在40℃下将果胶干燥到水分含量≤3.5％。

（7）粉碎　粉碎成100目以下的粉。

【产品质量】

感官指标：色泽淡黄色；粉末疏松，无结块；菠萝风味浓郁，酸甜适中。

理化指标：水分≤3.5％；铅（以铅计）≤0.5mg/kg；砷（以砷计）≤0.3mg/kg；铜（以铜计）≤2.5mg/kg。

微生物指标：细菌总数≤1000CFU/g；大肠杆菌≤30MPN/100g；致病菌未检出。

第六节　葡萄的粉制加工技术

【说明】

葡萄（学名：*Vitis vinifera* L.）为葡萄科葡萄属木质藤本植物，小枝圆柱形，有纵棱纹，无毛或被稀疏柔毛，叶卵圆形，圆锥花序密集或疏散，基部分枝发达，果实球形或椭圆形，花期 4～5 月，果期 8～9 月。葡萄为著名水果，可生食或制葡萄干，并可酿酒，酿酒后的酒脚可提取酒石酸，根和藤药用能止呕、安胎。葡萄不仅味美可口，而且营养价值很高。成熟的葡萄含糖量高达 10％～30％，以葡萄糖为主。葡萄中的多种果酸有助于消化，适当多吃些葡萄，能健脾和胃。葡萄中含有矿物质钙、钾、磷、铁以及维生素 B_1、维生素 B_2、维生素 B_6、维生素 C 和维生素 P 等，还含有多种人体所需的氨基酸，常食葡萄对神经衰弱、疲劳过度大有裨益。

以新鲜的葡萄为原料，进行筛选后，加热进行灭酶处理，然后在醋酸锌溶液和抗坏血酸溶液中进行护色，再烘干，最后将处理后的葡萄粉碎过筛、真空包装、灭菌，得到葡萄粉成品，该产品色泽鲜艳，营养丰富，保质期长。

【材料和设备】

进行葡萄粉制加工主要应该配备真空冷冻干燥机、气流粉碎机、植物粉碎机、激光粒度仪、电热恒温鼓风干燥箱等设备。葡萄应选择新鲜无病虫的果实。

【工艺流程】

原料选择→清洗→灭酶→护色→干燥→粉碎→真空包装→密封→冷却→成品

【操作要点】

(1) 选料　以新鲜的葡萄为原料，清洗备用。

(2) 灭酶　将步骤 (1) 洗净的葡萄放入沸水中加热 15min 进行灭酶处理。

(3) 护色　将步骤 (2) 处理后的葡萄在室温下用质量分数为 0.1％～1.0％的醋酸锌水溶液和质量分数为 0.1％～0.5％的抗坏血酸水溶液进行护色，护色时间为 15～45min。

(4) 干燥　将护色后的葡萄捞出，除去其表面水分，放入烘箱中烘干，温度为 50～60℃。

(5) 粉碎　将烘干的葡萄用粉碎机粉碎，过 100～200 目筛网，得到葡萄粉。

(6) 真空包装　将得到的葡萄粉进行真空封口包装。

(7) 灭菌　用 80～95℃的水浴进行灭菌处理 10～20min。

【产品质量】

外观：粉末疏松、无结块，无肉眼可见杂质；颜色：具有该产品固有的色泽，且均匀一致；气味：天然葡萄味。

溶解度：≥98％；粒度：100％过 80 目筛；水分：≤6％。

菌落总数：＜1000CFU/g；沙门氏菌：无；大肠杆菌：无。

第七节　枇杷的粉制加工技术

【说明】

枇杷（*Eriobotrya japonica* Lindl.），又名芦橘、芦枝、金丸等，蔷薇科

（Rosaceae）苹果亚科枇杷属（*Eriobotrya*）植物。枇杷含有人体所需的多种营养成分，具有很高的药用价值，其果实、叶、种子、花、根均可入药，深受国内外消费者的喜爱。枇杷全身是宝，药用价值极高，据史书记载枇杷的花、果、叶、根、树皮等都具有较高的药用价值，不仅是我国一种广泛的植物用药，而且在其他国家也作为民间用药。成熟的枇杷味道甜美，营养颇丰，有各种果糖、葡萄糖、钾、磷、铁、钙以及维生素 A、B 族维生素、维生素 C 等。其中胡萝卜素含量在各水果中位居第三。中医认为枇杷果实有润肺、止咳、止渴的功效。吃枇杷时要剥皮。除了鲜食外，亦有以枇杷肉制成糖水罐头的，或以枇杷酿酒的。枇杷不论是叶、果和核都含有扁桃苷。枇杷叶亦是中药的一种，以大块枇杷叶晒干入药，有清肺胃热、降气化痰的功用，常与其他药材制成"川贝枇杷膏"。但枇杷与其他相关的植物一样，种子及新叶轻微带有毒性，生吃会释放出微量氰化物，但因其味苦，一般不会食入足以致害的分量。将枇杷粉制得到的枇杷粉，可以最大限度地保持枇杷本身的风味，而且含有多种维生素和酸类物质，口感好，易溶解，易保存。

【材料和设备】

进行枇杷粉制加工主要应该配备真空冷冻干燥机、气流粉碎机、植物粉碎机、激光粒度仪、电热恒温鼓风干燥箱等设备。枇杷应选择新鲜无病虫的果实。

【工艺流程】

原料挑选→分级→清洗→去皮→去核→护色→漂烫→干燥→粉碎→包装→产品

【操作要点】

（1）原料挑选　挑选肉质鲜润、颜色鲜黄、无病虫害或机械损伤的新鲜枇杷。

（2）分级　按果的大小均匀分两类，大果（质量 45～55g）用于恒温干燥，小果（质量 35～45g）用于真空冷冻干燥。

（3）清洗　用流动水清洗鲜果，去除杂质。

（4）去皮去核　手工快速去皮，将枇杷果纵剖成两半，去核、去内表皮。

（5）护色　糖、柠檬浆、水以一定的比例混合，将枇杷果浸泡在护色液中。

（6）烫漂　分别设定 30s、60s、90s、120s、150s 五组做单因素试验，确定出最佳烫漂时间。

（7）干燥　分别采用电热恒温鼓风干燥箱、真空冷冻干燥机和先恒温后真空冷冻进行干燥。将果实大的一类置于托盘中，用电热恒温鼓风干燥箱烘制。将果实小的一类置 -26℃冰箱低温冷冻 3h 后真空冷冻干燥。

（8）粉碎　将烘干的枇杷用粉碎机粉碎，过 100～200 目筛网，得到枇杷粉。

（9）真空包装　将得到的枇杷粉进行真空封口包装。

【产品质量】

外观：粉末疏松、无结块，无肉眼可见杂质；颜色：具有该产品固有的色泽，且均匀一致；气味：天然枇杷味。

溶解度：≥98％；粒度：100％过80目筛；水分：≤6％；重金属：总量≤10mg/L，砷≤10mg/L，铅≤10mg/L。

微生物检测：菌落总数≤1000CFU/g；酵母菌及霉菌≤100CFU/g；沙门氏菌阴性；葡萄球菌阴性。

第八节　石榴的粉制加工技术

【说明】

石榴是我国古老的特有经济栽培树种之一，迄今已有两千多年的栽培历史。我国地域辽阔，北起北京，南至海南，东至浙江，西至新疆叶城，都适宜石榴生长。石榴果实营养丰富，碳水化合物含量17％，维生素C含量较高（每100g果汁中含11mg以上，最高可达到24.7mg），可溶性固形物含量在14％左右，酸味因品种和成熟度而异，一般含量在0.4％～1.0％之间。石榴不仅可供鲜食，还可加工成保健果汁和果酒。将石榴汁采用喷雾干燥得到的石榴粉，可以最大限度地保持石榴本身的风味，石榴粉含有维生素C、B族维生素、多酚类物质、蛋白质及钙、磷、钾等矿物质，有抗衰老、助消化、抗胃溃疡、软化血管、降血脂和血糖，降低胆固醇等多种功能，并且对饮酒过量者解酒有奇效。石榴粉营养富集，便于储运。石榴粉可用作食品、饮料、保健品的功能性配料或添加剂。

【材料和设备】

进行石榴粉制加工主要应该配备螺旋压榨机、振动筛、板框式压滤机、离心过滤机、高速离心喷雾干燥机等设备。石榴应选择新鲜无病虫的果实。

【工艺流程】

原料选择→清洗→剥皮取籽→清洗→破碎压榨→护色→粗滤→澄清→脱气→杀菌→喷雾干燥→成品

【操作要点】

（1）原料选择　选新鲜、九成熟以上、无病虫害、无霉变、无腐烂的石榴，以保证果汁的质量。

（2）清洗　清洗是减少杂质、微生物污染，保证产品品质的重要措施。将石榴用清水浸泡后用喷淋或流动水清洗，洗去灰尘、杂质、微生物和部分农药残留物。对农药残留较多的可加盐溶液或脂肪酸系洗涤剂进行浸泡；表面微生物侵染严重的可用漂白粉或高锰酸钾溶液进行消毒。

（3）剥皮取籽　多采用人工方法。用刀将石榴皮划开，用手剥开去皮、去白色隔膜，取出籽粒。

（4）清洗　用符合饮用水标准的水流动冲洗石榴籽，除去剥皮时残留下的石榴碎皮和碎隔膜等杂质，洗去附在籽粒上的微生物，洗完后沥干。

（5）破碎压榨 洗净的籽粒送入螺旋压榨机中压榨取汁，打浆过程中应严格控制压榨机工作条件，间距、转速要适中，才能使石榴汁充分流出。此外，与原料直接接触的机械设备要求采用不锈钢制造，以防变色、变味，影响品质。

（6）过滤 先用振动筛滤去压榨时残留在果汁中的果皮、种子、悬浮物，再用板框式压滤机或离心过滤机除去细小悬浮物质。为提高过滤速度，可先在果汁中加入硅藻土等助滤剂。

（7）护色 在石榴汁中添加适量的护色剂（如柠檬酸、维生素 C、NaHSO$_3$）等，以防石榴汁变色。

（8）澄清 石榴汁中含有细小的果肉微粒、胶态或分子状态和离子状态的溶解物质，主要成分是蛋白质、果胶等物质，是造成果汁浑浊的原因。石榴汁澄清可采用自然澄清法、明胶-单宁澄清法、酶澄清法、瞬时加热澄清法、冷冻澄清法或蜂蜜法等。

（9）喷雾干燥 石榴汁用高速离心喷雾干燥机干燥得到石榴粉。

【产品质量】

外观：粉末疏松、无结块，无肉眼可见杂质；颜色：具有该产品固有的红色，且均匀一致；气味：天然石榴味。

溶解度：≥95％；粒度：100％过 60 目筛；水分：≤6％；重金属：总量≤10mg/L，砷≤10mg/L，铅≤10mg/L。

微生物检测：菌落总数≤1000CFU/g；酵母菌及霉菌≤100CFU/g；沙门氏菌阴性；葡萄球菌阴性。

第九节 蔓越莓的粉制加工技术

【说明】

蔓越莓，又称蔓越橘、小红莓、酸果蔓，英文名 cranberry，原称"鹤莓"，因蔓越莓的花朵很像鹤的头和嘴而得名。蔓越莓是杜鹃花科越橘属红莓苔子亚属（又名毛蒿豆亚属）的俗称。此亚属的物种均为常绿灌木，主要生长在北半球的凉爽地带酸性泥炭土壤中。花深粉红色，总状花序。蔓越莓是一种表皮及果肉都是鲜红色，生长在矮藤上的小圆浆果。红色浆果可作水果食用。目前在北美的一些地区被大量种植。收获的果实用来做成果汁、果酱等。蔓越莓酱是美国感恩节主菜火鸡的传统配料。因为蔓越莓本身的酸味较强，作为饮料的果汁内一般兑有糖浆或苹果汁等较甜的成分。蔓越莓是一种天然抗菌保健水果，是防治女性日常泌尿系统各种细菌感染、尿道炎、膀胱炎、慢性肾盂肾炎的最佳自然食疗食品。

蔓越莓是为数不多的可以在酸性泥土里生长的农作物，它们需要大量的水，一旦一个枝蔓开始生长，它将持续生长许多年，有的枝蔓生长 75～110 年才可结果。

新鲜蔓越莓果实的取得与保存不易，因此时下市面上较常见的蔓越莓产品，多以调和果汁、果干或是锭剂的营养辅助品为主。蔓越莓之所以能够成为保健食品，除了富含水果之中不可或缺的维生素 C 之外，它还含有许多种荣登蔬果界当中含量最高宝座的营养素，对于人体健康有着多方面的益处。蔓越莓汁具有很强的抗氧化作用，可降低低密度脂蛋白胆固醇及甘油三酯，特别适合女性食用。每天喝约 350mL 以上蔓越莓果汁或是蔓越莓营养辅助品，对预防尿路感染及膀胱炎很有帮助。蔓越莓含有特殊化合物——浓缩单宁酸，除了普通被认为具有防止尿路感染功能外，蔓越莓还有助于抑制幽门螺杆菌附着于肠胃内。幽门螺杆菌是导致胃溃疡甚至胃癌发生的主因。美国农业部的研究人员于 2012 年 9 月 20 日在华盛顿举行的一个医学会议上公布研究报告说，试验表明，健康成年人如果经常饮用低热量的蔓越莓汁，可以适度降低血压。蔓越莓具有一种非常强力的抵抗自由基物质——生物黄酮，而且它的含量高居于一般常见的 20 种蔬果之冠。生物黄酮能够有效预防老年痴呆（即阿尔茨海默病）。此外，蔓越莓还能养颜美容，改善便秘，帮助人体排出体内毒素及多余脂肪。

将蔓越莓果汁、赋形剂经过喷雾干燥而得到的蔓越莓粉，无苦涩感，可广泛应用于胶囊、片剂等范围。

【材料和设备】

进行蔓越莓粉制加工主要应该配备离心式喷雾干燥机、真空干燥箱、打浆机、高压均质机、真空浓缩设备、阿贝折射仪等设备。蔓越莓应选择新鲜无病虫的果实。

【工艺流程】

配料（助干剂、抗结剂）

鲜蔓越莓→清洗→榨汁→浓缩→均质→料液→喷雾干燥→收集→冷却→包装贮藏

【操作要点】

（1）挑选清洗　选择较饱满颜色鲜红的蔓越莓成熟果，此时蔓越莓中的糖分含量高，可获得良好的口感。在三级流动水中清洗蔓越莓。

（2）打浆　将蔓越莓果用螺杆式榨汁机进行打浆，得到均匀细腻不易分层的浑浊汁。

（3）胶磨、均质　所得蔓越莓果浆先经胶体磨胶磨，之后进行均质化，入口压力 10MPa，出口压力 20MPa。

（4）过滤　将上述蔓越莓果浆进行离心分离，条件为 3000r/min，得到果汁（上清液）及果渣（下层沉淀），用滤布过滤，得到澄清的果汁。

（5）配制　在上述处理后的蔓越莓果汁中加入适量助干燥剂（麦芽糊精），均质使体系稳定均一。

（6）喷雾干燥　喷雾干燥处理调配好的蔓越莓汁，入料浓度40%，入料流量60mL/min，入料温度50℃，进风温度200℃。

【质量标准】

外观：粉末疏松、无结块，无肉眼可见杂质；颜色：具有该产品固有的紫红色，且均匀一致；气味：天然蔓越莓味。

溶解度：≥95%；粒度：100%过80目筛；水分：≤6%；重金属：总量≤10mg/L，砷≤10mg/L，铅≤10mg/L。

微生物检测：菌落总数≤1000CFU/g；酵母菌及霉菌≤100CFU/g；沙门氏菌阴性；葡萄球菌阴性。

第十节　猕猴桃的粉制加工技术

【说明】

猕猴桃（学名：*Actinidia chinensis* Planch），也称奇异果（奇异果是猕猴桃的一个人工选育品种，因使用广泛而成为了猕猴桃的代称），果形一般为椭圆状，早期外观呈绿褐色，成熟后呈红褐色，表皮覆盖浓密绒毛，可食用，其内是呈亮绿色的果肉和一排黑色或者红色的种子。因猕猴喜食，故名猕猴桃；亦有说法是因为果皮覆毛，貌似猕猴而得名。猕猴桃是一种品质鲜嫩、营养丰富、风味鲜美的水果，其质地柔软，口感酸甜，味道被描述为草莓、香蕉、菠萝三者的混合。猕猴桃除含有猕猴桃碱、蛋白水解酶、单宁、果胶和糖类等有机物，以及钙、钾、硒、锌、锗等矿物质元素和人体所需的17种氨基酸外，还含有丰富的维生素C、葡萄酸、果糖、柠檬酸、苹果酸、脂肪。猕猴桃原产地在中国湖南省湘西地区，秦岭北麓的陕西是中国猕猴桃资源最丰富的地区，民间人工栽培的历史达一千多年。

猕猴桃粉以优质的猕猴桃为原料，采用目前较为先进的喷雾干燥技术加工而成，最大限度地保持了猕猴桃的原味，含有多种维生素和酸类物质，呈粉状，流动性好，口感佳，易溶解，易保存。猕猴桃可用于治疗坏血病，它含有的维生素C有助于降低血液中的胆固醇水平，起到扩张血管和降低血压的作用，还有助于加强心脏肌肉。定期喝一茶匙猕猴桃粉加上适量的温水制成的饮料，可以帮助稳定血液中胆固醇的水平。猕猴桃具有抗糖尿病的潜力，它含有铬，有治疗糖尿病的药用价值；可刺激孤立组细胞分泌胰岛素，因此，可以降低糖尿病患者的血糖。其粉末与苦瓜粉混合，可以调节血糖水平。猕猴桃可缓解胃灼热或胃酸倒流。它还可以治疗腹泻和痢疾，如一杯猕猴桃果汁或粉末可以减少肠胃不适。猕猴桃可以有效治疗呼吸问题，还可以改善视力，如与蜂蜜结合使用可以有效提高视力。此外，它还是一种强大的抗氧化剂，可以消除皱纹和细纹。

【材料和设备】

进行猕猴桃粉制加工主要应该配备离心式喷雾干燥机、真空干燥箱、打浆机、高压均质机、真空浓缩设备、阿贝折射仪等设备。猕猴桃应选择新鲜无病虫的果实。

【工艺流程】

原料选择→原料清洗→压榨取汁→过滤、澄清→浓缩→喷雾干燥→过筛包装

【操作要点】

(1) 挑选清洗　选择较饱满的猕猴桃成熟果，此时猕猴桃中的糖分含量高，可获得良好的口感。在三级流动水中清洗猕猴桃，去除猕猴桃果皮。

(2) 打浆　将猕猴桃果用螺杆式榨汁机进行打浆，得到均匀细腻不易分层的浑浊汁。

(3) 胶磨、均质　所得猕猴桃果浆先经胶体磨胶磨，之后进行均质化，入口压力 10MPa，出口压力 20MPa。

(4) 过滤　将上述猕猴桃果浆进行离心分离，条件为 3000r/min，得到果汁（上清液）及果渣（下层沉淀），用滤布过滤，得到澄清的果汁。

(5) 浓缩　将上述处理后的猕猴桃果汁进行浓缩。

(6) 喷雾干燥　喷雾干燥处理调配好的猕猴桃汁，入料浓度 40%，入料流量 60mL/min，入料温度 50℃，进风温度 200℃。

【产品质量】

外观：粉末疏松、无结块，无肉眼可见杂质；颜色：本品为浅绿色粉末，且均匀一致，流动性好，口感佳，易溶于水；气味：天然猕猴桃味。

溶解度：≥90%；粒度：100%过 80 目筛；水分：≤6%。

菌落总数：<1000CFU/g；沙门氏菌：无；大肠杆菌：无。

第十一节　桑葚的粉制加工技术

【说明】

桑葚，为桑科落叶乔木桑树的成熟果实，桑葚又叫桑果、桑枣，成熟后味甜汁多，是人们常食的水果之一。成熟的桑葚质油润，酸甜适口，以个大、肉厚、色紫红、糖分足者为佳。每年 4～6 月果实成熟时采收，洗净，去杂质，晒干或略蒸后晒干食用。桑葚嫩时色青、味酸，老熟时色紫黑、多汁、味甜。中医学认

为桑葚补益肝肾，滋阴养血，息风，可主治心悸失眠、头晕目眩、耳鸣、便秘盗汗、瘰疬、关节不利等病症。桑葚有改善皮肤（包括头皮）血液供应，营养肌肤，使皮肤白嫩及乌发等作用，并能延缓衰老。桑葚是中老年人健体美颜、抗衰老的佳果与良药。常食桑葚可以明目，缓解眼睛疲劳干涩的症状。桑葚具有免疫促进作用。桑葚对脾脏有增重作用，对溶血性反应有增强作用，可防止人体动脉硬化、骨骼关节硬化，促进新陈代谢。桑葚可以促进血红细胞的生长，防止白细胞减少，并对治疗糖尿病、贫血、高血压、高血脂、冠心病、神经衰弱等病症具有辅助功效。桑葚具有生津止渴、促进消化、帮助排便等作用，适量食用能促进胃液分泌，刺激肠蠕动及解除燥热。祖国医学认为，桑葚性味甘寒，具有补肝益肾、生津润肠、乌发明目等功效。桑葚的营养成分见表4-4。

表 4-4　桑葚的营养成分

项目	数据（每100g中的含量）	NRV[①]/%	项目	数据（每100g中的含量）	NRV[①]/%
热量	57kcal	2.9	膳食纤维	4.1g	16.4
蛋白质	1.7g	2.8	钙	37mg	4.6
碳水化合物	13.8g	4.6	铁	0.4mg	2.7
脂肪	0.4g	0.7	钠	2mg	0.1
饱和脂肪	0mg	0	钾	32mg	1.6
胆固醇	0mg	0			

① NRV：营养素参考值。

桑葚鲜嫩、汁多，后期采摘、运输、保存相当困难，至今还没有一项成功的技术可用于鲜果的保鲜。桑葚喷雾干燥粉采用桑葚果汁直接喷雾干燥而成，整个喷干过程均在GMP厂区进行操作，严格保证了产品的质量、微生物的含量，避免了杂质的混入。桑葚果汁从采摘到制成鲜汁，均有严格的标准执行，保证了产品的原料质量。桑葚粉可直接水溶后食用，味道鲜美，耐人寻味。

【材料和设备】

进行桑葚粉制加工主要应该配备离心式喷雾干燥机、真空干燥箱、打浆机、高压均质机、真空浓缩设备、阿贝折射仪等设备。桑葚应选择新鲜无病虫的果实。

【工艺流程】

原料选择→原料清洗→压榨取汁→过滤、澄清→浓缩→喷雾干燥→过筛包装

【操作要点】

（1）挑选清洗　选择较饱满的桑葚成熟果，此时桑葚中的糖分含量高，可获得良好的口感。在三级流动水中清洗桑葚，去除桑葚果蒂。

（2）打浆　将桑葚果用螺杆式榨汁机进行打浆，得到均匀细腻不易分层的浑浊汁。

（3）胶磨、均质　所得桑葚果浆先经胶体磨胶磨，之后进行均质化，入口压力 10MPa，出口压力 20MPa。

（4）过滤　将上述桑葚果浆进行离心分离，条件为 3000r/min，得到果汁（上清液）及果渣（下层沉淀），用滤布过滤，得到澄清的果汁。

（5）浓缩　对上述处理后的桑葚果汁进行浓缩。

（6）喷雾干燥　喷雾干燥处理调配好的桑葚汁，入料浓度 40%，入料流量 60mL/min，入料温度 50℃，进风温度 200℃。

【产品质量】

外观：粉末疏松、无结块，无肉眼可见杂质；颜色：本品为深紫色粉末，且均匀一致；气味：天然桑葚味。

溶解度：≥90%；粒度：100%过 80 目筛；水分：≤6%。

菌落总数：<1000CFU/g；沙门氏菌：无；大肠杆菌：无。

第十二节　橙子的粉制加工技术

【说明】

橙子（学名：*Citrus sinensis*）是芸香科柑橘属植物橙树的果实，亦称为黄果、柑子、金环、柳丁。橙子是一种柑果，是柚子（*Citrus maxima*）与橘子的杂交品种。果扁圆或近似梨形，大小不一，大的径达 8cm，小的约 4cm，果顶有环状突起及浅放射沟，蒂部有时也有放射沟，果皮粗糙，凹点均匀，油胞大，皮厚 2~4mm，淡黄色，较易剥离，瓤囊 9~11 瓣，囊壁厚而韧，果肉淡黄白色，味甚酸，常有苦味或异味；种子多达 40 粒，阔卵形，饱满，平滑，子叶乳白色，单或多胚。花期 4~5 月，果期 10~11 月。橙子有很高的食用、药用价值。橙子起源于东南亚，橙树属小乔木，果实可以剥皮鲜食，果肉也可以用作其他食物的调料或附加物。据测定，每 100g 橙子含维生素 C 约 49mg，比梨、苹果、香蕉分别高 10 倍、16 倍、8 倍左右。因此，经常吃橙子的好处是非常多的。橙子具有宽肠、理气、化痰、消食、开胃、止呕、止痛、止咳等功效，可用于治疗胸闷、腹胀、呕吐、便秘、小便不畅、痔疮出血，可解酒、鱼、蟹毒等。橙子富含多种有机酸、维生素，可调节人体新陈代谢，尤其对老年人及心血管疾病患者十分有益。橙皮中含有果酸，可促进食欲，对胃酸不足的人可帮助消化。橙子中的纤维素有助于通便并可降低胆固醇。橙子含丰富的维生素 C，有防癌作用。

橙子粉是将新鲜橙子经先进的技术加工而后磨成粉，按照一定比例经预处理、混合、检验、包装而成的保健食品，具有补充体力、深层洁肤、增强免疫、预防癌症等功效。一个中等大小的橙子可提供人体一天所需维生素 C。

【材料和设备】

进行橙子粉制加工主要应该配备离心式喷雾干燥机、真空干燥箱、打浆机、高压均质机、真空浓缩设备、阿贝折射仪等设备。橙子应选择新鲜无病虫的果实。

【工艺流程】

原料选择→原料清洗→压榨取汁→过滤、澄清→浓缩→喷雾干燥→过筛包装

【操作要点】

（1）挑选清洗　选择较饱满的橙子成熟果，此时橙子中的糖分含量高，可获得良好的口感。在三级流动水中清洗橙子，去除橙子果皮。

（2）打浆　将橙子果肉用螺杆式榨汁机进行打浆，得到均匀细腻不易分层的浑浊汁。

（3）胶磨、均质　所得橙子果浆先经胶体磨胶磨，之后进行均质化，入口压力 10MPa，出口压力 20MPa。

（4）过滤　将上述橙子果浆进行离心分离，条件为 3000r/min，得到果汁（上清液）及果渣（下层沉淀），用滤布过滤，得到澄清的果汁。

（5）浓缩　将上述处理后的橙子果汁进行浓缩。

（6）喷雾干燥　喷雾干燥处理调配好的橙子汁，入料浓度 40%，入料流量 60mL/min，入料温度 50℃，进风温度 200℃。

【产品指标】

外观：粉末疏松、无结块，无肉眼可见杂质；颜色：淡黄色粉末，且均匀一致；规格：食品级；气味：天然橙子味。

粒度：100% 过 80 目筛；水分：≤5%。

菌落总数：<1000CFU/g；沙门氏菌：无；大肠杆菌：无。

第十三节　苹果的粉制加工技术

【说明】

我国苹果产量位居世界首位，但是由于苹果含水量高，容易腐烂，在贮藏、运输和销售中会造成严重的浪费。我国苹果每年的腐烂率达到 30% 左右，而发达国家不到 7%。苹果由于具有较强的季节性和地区性，收获和上市期短而集中，形成明显的地区性差别和淡旺季差别。目前，我国苹果产量很高，但加工总量不足，主要以鲜食为主，同时一直沿袭传统的加工方法，如果脯、果汁加工等，目前已经难以满足消费者需求，经济效益比较低，因此，急需开发新型产品来满足市场的需求。

苹果粉是近几年出现的一种新型加工制品，因为含水量低，达到了微生物不

能利用的程度，抑制了酶的活性，可减少腐烂造成的损失，同时可降低贮藏、运输、包装等方面的费用。苹果粉对原料要求不高，保存和食用方便，保持了苹果原有的营养和风味。苹果粉富含糖、果胶、有机酸、胡萝卜素、硫胺素、烟酸、抗坏血酸及钙、铁、磷等，都是人体健康所需的营养物质。苹果粉可以应用到食品加工的各个领域，用来提高产品的营养成分，改善产品的色泽和风味，如在营养保健品、功能性食品、面食制品、膨化食品、肉制品、固体饮料、速溶食品、乳制品、婴幼儿食品、调味品、糖果制品、焙烤制品、方便面等食品中均可添加。苹果具有降低胆固醇、降血压、保持血糖稳定、减肥、治疗腹泻、预防蛀牙、预防呼吸疾病等功效，并对锌缺乏症及前列腺炎患者具有很好的疗效。

【材原料和设备】

进行苹果粉制加工主要应该配备旋转式洗涤机、压力式压榨机、切割式破碎设备、离心式喷雾干燥机、真空干燥箱、阿贝折射仪等设备。苹果应选择新鲜无病虫的果实。

【工艺流程】

苹果→挑选→清洗→切块→压榨→打浆→护色处理→干燥→粉碎→包装→成品

【操作要点】

（1）原料的选择与清洗　苹果全果肉粉的加工，需要根据不同的用途选择原料，要选择新鲜的、无病虫害的苹果原料，洗去表面的泥沙，切成大约 $5cm^3$ 的果块，剔除果柄、果核、果蒂等不可食用部分，再用 1% 的 NaCl 水溶液浸泡，用旋转式洗涤机喷射洗涤干净。

（2）压榨和打浆　清洗后的原料在压力机或离心机中压榨，榨出的汁液经消毒浓缩，制成苹果汁饮料。果渣采用切割式破碎设备或螺旋推进装置粉碎，制成苹果浆状物进行护色处理。

（3）护色处理　苹果中含有多酚氧化酶和过氧化物酶，在加工过程中，多酚类物质与氧气接触，在多酚氧化酶的作用下可氧化成醌，醌再转化为羟醌，羟醌进一步聚合可形成黑色素，如果没有任何护色措施，苹果切块或苹果浆将很快发生褐变，严重影响苹果全果粉的色泽和风味。

热处理是防治褐变常用的方法，但在苹果粉的加工中，热处理会影响产品的风味。用亚硫酸盐处理对控制褐变有很好的效果，但会造成二氧化硫的残留，对人体产生不良的影响。有望取代亚硫酸盐抑制酶褐变的化学药剂，主要有柠檬酸、抗坏血酸、半胱氨酸、4-乙基间苯二酚等，用这些化学药剂浸渍处理可以控制褐变的发生，几种药剂混合使用效果更好。利用蛋白酶对多酚氧化酶的水解作用是最好的控制褐变的方法，目前已分别从无花果、番木瓜和菠萝中提取得到三种蛋白酶，即无花果蛋白酶（ficin）、番木瓜蛋白酶（papain）和菠萝蛋白酶（bromelain），它们都能有效控制酶褐变的发生，这些酶的作用与亚硫酸盐相当，并且对人体没有任何危害，因此广泛应用于苹果粉的加工中。另外，由于菠萝、番木瓜、无花果中含有这些蛋白酶，可以使用其果汁处理苹果切块，也可有效抑制产品的褐变。

（4）干燥　干燥工艺是决定苹果粉品质的关键因素，目前，关于苹果粉干燥广泛采用的方法是气流干燥、沸腾干燥、喷雾干燥和辐射干燥。

【产品质量】

外观：粉末疏松、无结块，无肉眼可见杂质；颜色：具有该产品固有的色泽，且均匀一致；气味：天然苹果味。

溶解度：≥90％；粒度：100％过80目筛；水分：≤6％。

菌落总数：＜1000CFU/g；沙门氏菌：无；大肠杆菌：无。

第十四节　草莓的粉制加工技术

【说明】

草莓属于蔷薇科草莓属多年生草本植物的果实，形如鸡心，红似玛瑙，其色泽鲜艳，深受人们喜爱。草莓不仅果肉细嫩多汁，酸甜爽口，而且具有很高的营养价值。一般来说，每100g草莓果实含糖5～12g、蛋白质0.4～0.6g、果酸0.6～1.6g、粗纤维素约1.4g、胡萝卜素约0.01mg，还含有铁、磷、钙、核黄素、维生素C和14种人体所需的氨基酸，其中维生素C含量约为50～160mg，比番茄高3～5倍，比柑橘高10～20倍。草莓之所以具有它特有的吸引力，主要就是由于草莓所特有的色、香、味以及丰富的营养价值。研究表明，草莓红色素为几种花青素类色素，主要成分为天竺葵素-3-葡萄糖苷；其香气成分为多达350多种物质的混合物，其中主要有脂质物质、2,5-二甲基-4-羟基-3（2H)-呋喃酮和2,5-二甲基-4-甲氧基-3（2H)-呋喃酮等成分，它们是草莓的特征香气成分。

草莓不但具有丰富的营养价值，还具有一定的药理功能。草莓性凉味酸，无毒，具有润肺生津，清热凉血，健脾解酒等功效。现代医学研究认为，草莓对胃肠道和贫血均具有一定的滋补调理作用，草莓除了可以预防坏血病外，对防治动脉硬化、冠心病也有较好的功效。草莓中的维生素及果胶对改善便秘和治疗痔疮、高血压、高血脂均有一定的效果。此外，它还含有一类胺类物质，对白血病、再生障碍性贫血等血液病亦有辅助治疗作用。草莓还是单宁含量丰富的果实，在体内可阻止致癌化学物质的吸收，具有防癌作用。

草莓收获期很短，上市又非常集中，果实容易因破损或感染细菌而腐烂，即使在0～1℃的冷藏条件下也最多只能贮存5d左右。传统的草莓加工方法主要有草莓果脯、草莓罐头、草莓饮料、草莓酱等，这些加工方法对草莓的需求都不是很大，因此，草莓行业的发展受到了很大的制约。最近几年，随着风味休闲食品的兴起，食品配料市场对具有各种水果风味的配料要求越来越多。具有草莓风味的休闲食品深受消费者的喜爱，这其中主要的添加物就是草莓粉或者草莓香精，草莓香精是一种化学合成物质，使用受到很多的限制；而草莓粉，由于其来源主要是草莓果实的加工物，因此受到广泛的欢迎。基于此，国内开始有越来越多的企业开始着手草莓粉的生产。比如青岛某某食品有限公司、济宁某某食品有限公司采用冻干技术加工草莓粉。冻干技术由于成本高，一定程度地限制了它的发展。

【材料和设备】

进行草莓粉制加工主要应该配备旋转式洗涤机、压力式压榨机、切割式破碎设备、离心式喷雾干燥机、真空干燥箱、阿贝折射仪等设备。草莓应选择新鲜无病虫的果实。

【工艺流程】

配料（助干剂、抗结剂）
↓
鲜草莓→去蒂→清洗→榨汁→浓缩→均质→料液→喷雾干燥→收集→冷却→包装贮藏

【操作要点】

（1）浓缩　将色泽鲜艳无腐烂的草莓清洗干净，用组织捣碎机打浆，将浆液用四层纱布挤压过滤两次，然后用旋转蒸发仪浓缩草莓浆，至固形物达到所需要的浓度。蒸发温度为60℃，真空度为93～98kPa。

（2）均质　在草莓浆中加入各种配料后均质，均质压力为25MPa。

（3）喷雾干燥　助干剂为麦芽糊精，草莓固形物与助干剂质量比为4∶6，入料浓度为25%，入料流量60mL/min，入料温度为50℃，进风温度为200℃，转速为25000r/min。为了很好地控制草莓粉保存期间的非酶褐变，使草莓粉保存时仍然能保持其高质量，必须对其非酶褐变进行控制，可在喷雾干燥时加入亚硫酸钠0.04%、氯化钠1.0%。

（4）配料　配料可以改善草莓粉的质量，使草莓粉的各种性能更好。草莓粉加工过程中的配料：添加卵磷脂2.5%、β-环糊精2.5%、可溶性淀粉3.0%和抗结剂2.0%（硬脂酸镁1.0%、微晶纤维素0.5%、硅胶0.5%），可获得优质的草莓粉。

（5）包装　粉末加工后尽快包装，包装保存期间，应选用阻湿阻氧性好的包装袋，内置干燥剂，并在低温、低湿度环境下保存。

【产品质量】

外观：粉末疏松、无结块，无肉眼可见杂质；颜色：粉红色精细粉末，且均匀一致；气味：天然草莓味。

溶解度：≥98%；粒度：100%过80目筛；水分：≤6%。

菌落总数：<1000CFU/g；沙门氏菌：无；大肠杆菌：无。

第十五节　刺梨的粉制加工技术

【说明】

刺梨（*Rosa roxburghii* Tratt）为蔷薇科蔷薇属植物，又称茨梨、文先果、送春归。刺梨富含维生素C、超氧化物歧化酶（SOD）、黄酮、多糖等多种营养物质及多种人体必需氨基酸，另外还含有多种矿物质，具有强抗氧化、抗肿瘤等生物活性，尤其是维生素C含量高于多数已知的水果和蔬菜，被誉为"维C之王"。随着刺梨的不断开发和利用，越来越多的刺梨产品被研制，主要有刺梨原汁、刺梨酒、刺梨蜜饯、刺梨糕、刺梨果醋等。如果将刺梨果汁加工成果粉不仅可以克服刺梨果汁不耐储存、不便运输等缺点，而且还可以拓宽刺梨在食品中的应用范围，延伸刺梨的价值。

一、刺梨果粉的生产

【原料与设备】

加工用的刺梨为新鲜的刺梨。主要加工设备有带式榨汁机、多功能膜分离设备、均质机、喷雾干燥机、激光粒度测定仪、电子显微镜和水分测定仪等。

【工艺流程】

刺梨原料预处理→压榨取汁→浓缩→胶磨→均质→喷雾干燥→果粉→真空包装

【操作要点】

（1）原料选择　选择八九月成熟的刺梨果实，应无虫害、无霉烂。

（2）压榨取汁　刺梨较坚硬，破碎应适中，破碎的颗粒过粗会影响压榨效果，破碎的颗粒过细则会影响出汁率。压榨应选用带式榨汁机，在果汁中加入适量的明胶以使刺梨汁澄清。

（3）浓缩　采用反渗透法对刺梨汁进行浓缩处理，可以得到质量较好、浓度较高的刺梨浓缩汁。浓缩2~3倍，可使刺梨汁中的固形物浓度达到16%。

（4）均质　使助干剂与刺梨汁充分混合，提高包埋效果。转速6000r/min均质5min。

（5）喷雾干燥　刺梨的含糖量较高，直接用含糖量高的果汁进行喷雾干燥是比较困难的，同时由于刺梨汁中有较多的维生素 C 和单宁物质，直接喷雾干燥会对其营养成分和颜色有一定的影响，可选用 β-环糊精为助干剂，其加入量占刺梨汁总固形物含量的 50％。进料流量为 12mL/min，进风温度为 165℃。

【质量标准】

理化指标：粒度要求 100％过 80 目筛；水分含量 1.74％±0.4％；流动性（休止角)/(°) 38±0.2；分散性 398s±1.2s；维生素 C 含量 711.37mg/100g±32.4mg/100g。

微生物指标：菌落总数≤1000CFU/g；大肠杆菌≤30MPN/100g；致病菌未检出。

二、刺梨果渣超微粉加工

【原料与设备】

对新鲜的刺梨进行榨汁处理，留取果渣冷藏保鲜保存备用。主要加工设备有带式榨汁机、超微粉碎机、激光粒度测定仪、电子显微镜和水分测定仪等。

【工艺流程】

刺梨果实→榨汁→刺梨果渣→除杂→清洗→干燥→超微粉碎→包装→成品

【操作要点】

（1）果实榨汁 选择成熟度一致、大小均匀、无病虫害且无机械损伤的果实，将其清洗干净，待水分沥干后，破碎果实成 0.2～0.8cm³ 大小的果块，进行榨汁，用孔径为 0.165～0.198mm（80～100 目）的滤布过滤。

（2）除杂 剔除果渣中的沙石、土粒、金属等异物，将果渣分成适中大小。

（3）清洗 用洁净的水冲洗果渣 3～4 次，每次维持 10min，洗掉黏附在果渣表面的微小杂质及灰尘。

（4）干燥 收集果渣，放置在 70℃恒温烘箱中烘干至水分含量恒定，干果渣含水量 6.47％。

（5）粉碎 称取一定质量的果渣，放入超微粉碎机进行粉碎。粉碎条件：粉碎温度－20℃，粉碎时间 20min，微晶纤维素添加量 30g/kg。

（6）包装 将粉碎机中的微粉真空包装，放置在温度 20℃、相对湿度 30％、避光环境中贮藏。

【质量标准】

物理指标：粒度要求 100％过 80 目筛；含水量 6.93％±0.13％；持水力 3.64g/g±0.88g/g；水溶性 40.5％±0.16％；膨胀力 3.22mL/g±0.12mL/g。

化学指标：黄酮溶出量 0.74mg/g±0.07mg/g；多酚溶出量 1.90mg/g±0.12mg/g。

第十六节　木瓜的粉制加工技术

【说明】

木瓜，又名番木瓜、万寿果，是番木瓜科番木瓜属植物，为常绿小乔木，原产于热带美洲，我国海南、广东、广西、福建、台湾、云南等地均有栽培。果实为长椭圆形，浆果肉质，成熟时为黄色或深黄色，果肉香甜可口，具有浓郁的热带水果风味。番木瓜含有丰富的维生素 C，是苹果中维生素 C 含量的 48 倍，它可直接与氧化剂作用，在体内氧化防御系统中起着重要作用，还参与类固醇的代谢，通过促进胆固醇向胆酸转化、减少氧化物质形成等作用防治心血管疾病。番木瓜所含有的维生素 E，具有抗氧化作用，有助于清除体内垃圾，预防衰老。

木瓜粉是由木瓜制成的纯天然保健食品，木瓜果实含有的木瓜蛋白酶对人体有促进消化和抗衰老作用，木瓜粉中含有丰富的木瓜蛋白酶、柠檬酶、胡萝卜素、蛋白质、维生素 C、B 族维生素及钙、磷等矿物质，具有丰胸，调节内分泌，防治高血压、肾炎、便秘，助消化，治胃病，美容、护肤、养颜等功效，对人体有促进新陈代谢和抗衰老的作用。

【原料与设备】

加工用的木瓜为新鲜的木瓜。主要加工设备有带式榨汁机、胶体磨、振动筛、阿贝折射仪、均质机、喷雾干燥机、激光粒度测定仪、电子显微镜和水分测定仪等。

【工艺流程】

<pre>
                              蜂蜜　调配←助干剂
                                ↓ ↓
木瓜→分选→清洗→去皮、切分、去籽瓤→打浆→胶磨→过滤→混合→均质→喷雾干燥→木瓜粉
</pre>

【操作要点】

(1) 木瓜的选择及处理　选用新鲜、肉质饱满、汁多、香味浓郁、外表无损伤、八九成熟的木瓜作为原料，清洗去皮后，将其切分并去籽及瓤，再切成小块放入榨汁机中榨汁，使果肉细胞内和细胞间的汁液流出。由于所得浆液中颗粒仍然较粗，不利于进一步干燥加工，因此，需要进一步胶磨以得到颗粒更加均匀细致的料液，再用 100 目筛过滤。

(2) 混合调配　利用阿贝折射仪测定木瓜浆的固形物含量，按照一定的固形物含量比值，将木瓜浆与蜂蜜混合。称取一定量的助干剂，将其溶解后加入到木瓜浆与蜂蜜的混合液中，加入蒸馏水调节固形物浓度。

(3) 均质　为减少蜂蜜木瓜液中维生素 C 的损失，均质条件选择 10MPa，

均质 10min。

（4）喷雾干燥　采用 SY-6000 小型喷雾干燥仪，在进风温度 150℃、进料量 30mL/min、压缩空气流量 800L/h 的条件下进行喷雾干燥。

【质量标准】

外观：粉末疏松、无结块，无肉眼可见杂质；颜色：嫩黄色精细粉末，且均匀一致；气味：天然木瓜味。

溶解度：≥95%；粒度：100%过 80 目筛；水分：≤6%。

菌落总数：＜1000CFU/g；沙门氏菌：无；大肠杆菌：无。

第十七节　柠檬的粉制加工技术

【说明】

柠檬（*Citrus limon* Burm. f.）是芸香科柑橘属常绿小乔木的果实，是继橙、柑之后的第三大柑橘品种，营养价值丰富且具有较高的药用价值。柠檬富含维生素 C、糖类、钙、磷、铁、维生素 B_1、维生素 B_2、烟酸、奎宁酸、柠檬酸、苹果酸、橙皮苷、柚皮苷、香豆精、高量钾元素和低量钠元素等，对人体十分有益。维生素 C 能维持人体各种组织和细胞间质的生成，并保持它们正常的生理机能。人体内抗体及胶原等的形成，都需要维生素 C 来保护。当维生素 C 缺少时，细胞之间的间质——胶状物也就跟着变少。这样，细胞组织就会变脆，失去抵抗外力的能力，人体就容易出现坏血症。此外，维生素 C 还具有很多用途，如预防感冒、刺激造血和抗癌等。柠檬的医疗作用，古医书中早有记载。明朝药学家李时珍所著《本草纲目》中记载柠檬具有生津、止渴、祛暑等功能。柠檬果汁，性味苦、温、无毒。《陆川本草》中记载柠檬果实、皮汁等具有疏滞、健胃、止痛、治郁滞腹痛不思饮食等效能。现代医学认为柠檬是预防心血管疾病的药食。柠檬酸在人体内与钙离子结合成一种可溶性络合物，从而可缓解钙离子促进血液凝固的作用。因此，高血压、心肌梗死患者常饮柠檬水，对改善症状有很大益处。我国柠檬主产于西南地区，其中四川省安岳县柠檬鲜果产量占全国总产量的 80%以上，是目前我国柠檬鲜果最大的集中产区。

柠檬叶可用于提取香料，柠檬鲜果表皮可用于生产柠檬香精油，柠檬香精油既是生产高级化妆品的重要原料，又是生产治疗结石病药物的重要成分。还可生产果胶、橙皮苷，果胶既是生产高级糖果、蜜饯、果酱的重要原料，又可用于生产治疗胃病的药物；橙皮苷主要用于治疗心血管疾病。果胚榨取的汁液既可生产高级饮料，又可生产高级果酒；果渣可作饲料或肥料；种子可榨取高级食用油或者入药。因此柠檬全身都是宝，是加工绿色产品的重要原料。当前柠檬的加工方式主要以柠檬干片、柠檬果汁饮料、糖渍柠檬为主，产品形式较为单一。因此，开发多元化的柠檬果汁加工产品对丰富市场产品类型，提高产品附加值，推动柠檬加工产业发展具有积极意义。

【原料与设备】

加工用的柠檬为新鲜的柠檬。主要加工设备有带式榨汁机、振动筛、阿贝折射仪、均质机、喷雾干燥机、激光粒度测定仪、电子显微镜和水分测定仪等。

【工艺流程】

新鲜柠檬→清洗→去外皮→去籽→压榨取柠檬原汁→过滤→大孔树脂吸附脱苦

脱苦柠檬果汁粉←喷雾干燥←溶解过滤←调配（添加助干剂）←┘

【操作要点】

（1）原料的选择与预处理　选取新鲜、充分成熟、无霉烂、无病虫危害的柠檬为加工原料，将柠檬涂抹一层盐，刷洗干净。用锋利小刀在果面划线若干，以不伤果实囊瓣为度，然后手工剥尽果皮；把除去外皮的柠檬剥出孢囊，放入沸水锅热烫 1.5min，钝化酶，防止褐变和果胶水解。去籽要尽量去除干净，否则籽中的苦味物质会在加热、挤压取汁时进入果汁，从而加重柠檬果汁的苦味感。

（2）榨汁　将上述预处理好的柠檬再切成小块放入榨汁机中榨汁，使果肉细胞内和细胞间的汁液流出。由于所得浆液中颗粒仍然较粗，不利于进一步干燥加工，因此，需要进一步胶磨以得到颗粒更加均匀细致的料液，再用 100 目筛过滤。

（3）吸附脱苦　采用大孔吸附树脂 R6 对鲜榨柠檬原汁进行脱苦，以摇床模拟笼式接触脱苦，在摇床转速 120r/min、pH 值为柠檬汁自然 pH 值（3.0±0.5）、树脂添加量为 4%、吸附时间 47min、吸附温度 30℃条件下脱除柠檬原汁中柚皮苷和柠檬苦素，脱苦后鲜榨柠檬汁口感上已无明显苦味。

（4）调配与溶解过滤　脱苦后的柠檬汁加入 25%（g/g）麦芽糊精作为助干剂，充分溶解混合均匀后纱布过滤备用。

（5）喷雾干燥　调配后的脱苦柠檬原汁进行喷雾干燥，迅速收集喷雾干燥后的脱苦柠檬果汁干粉，密封保存。干燥工艺为：麦芽糊精添加量为 25%，进风温度为 190℃，出风温度为 80℃，离心泵转速 60r/min，流量泵流速 10mL/min。

（6）灭菌与包装　脱苦柠檬果汁干粉采用紫外线进行灭菌，再采用高阻湿阻氧包装袋进行定量独立包装。

【质量标准】

粒度要求 100% 过 80 目筛，维生素 C 含量为 73.03mg/100mL±3.54mg/100mL，可滴定酸含量为 12.91g/100mL±0.24g/100mL，可溶性糖含量为

49.15g/100mL±1.15g/100mL，含水量为 1.82%±0.29%，果汁粉呈淡黄色，溶解性好，具有柠檬香味。

第十八节　水蜜桃的粉制加工技术

【说明】

水蜜桃（学名：*Prunus persica*）为蔷薇科桃属植物山桃的成熟果实。原产于我国陕西、甘肃一带。目前分布很广，主要产区是河北、山东、北京、陕西、山西、河南、甘肃、浙江等省市。水蜜桃为南方品种群中肉质柔软多汁呈软溶质的一类品种。果实顶部平圆，熟后易剥皮，多粘核。水蜜桃有健美皮肤、养血美颜、清胃、润肺、祛痰的功效，其营养价值较高，含丰富的铁质，能增加人体血红蛋白数量，它的蛋白质含量比苹果、葡萄高一倍，比梨高七倍，铁的含量比苹果多三倍，比梨多五倍，素有果中皇后的美誉。水蜜桃粉以优质的水蜜桃为原料，采用目前较为先进的喷雾干燥技术加工而成，最大限度地保持了水蜜桃本身的原味，含有多种维生素和酸类物质。水蜜桃粉呈粉状，流动性好，口感佳，易溶解，易保存，香味纯正，颜色天然，速溶性好，不分层，不添加防腐剂、香精、色素。

【原料与设备】

加工用的水蜜桃为新鲜的水蜜桃。主要加工设备有带式榨汁机、胶体磨、振动筛、阿贝折射仪、均质机、喷雾干燥机、激光粒度测定仪、电子显微镜和水分测定仪等。

【工艺流程】

蜂蜜　调配←助干剂

水蜜桃→分选→清洗→去皮、切分、去核→打浆→胶磨→过滤→混合→均质

水蜜桃粉←喷雾干燥

【操作要点】

（1）水蜜桃的选择及处理　选用新鲜、肉质饱满、汁多、香味浓郁、外表无损伤、八九成熟的水蜜桃作为原料，清洗去皮后，将其切分并去核，再切成小块放入榨汁机中榨汁，使果肉细胞内和细胞间的汁液流出。由于所得浆液中颗粒仍然较粗，不利于进一步干燥加工，因此，需要进一步胶磨以得到颗粒更加均匀细致的料液，再用 100 目筛过滤。

（2）混合调配　利用阿贝折射仪测定水蜜桃浆的固形物含量，按照一定的固形物含量比值，将水蜜桃浆与蜂蜜混合。称取一定量的助干剂，将其溶解后加入到水蜜桃浆与蜂蜜的混合液中，加入蒸馏水调节固形物浓度。

（3）均质 为减少蜂蜜水蜜桃液中维生素的损失，均质条件选择 10MPa，均质 10min。

（4）喷雾干燥 采用 SY-6000 小型喷雾干燥仪，在进风温度 150℃、进料量 30mL/min、压缩空气流量 800L/h 的条件下进行喷雾干燥。

【质量标准】

外观：粉末疏松、无结块，无肉眼可见杂质；颜色：具有该产品固有的色泽，且均匀一致；气味：天然水蜜桃味。

溶解度：≥90％；粒度：100％过 80 目筛；水分：≤6％。

菌落总数：＜1000CFU/g；沙门氏菌：无；大肠杆菌：无。

第十九节 哈密瓜的粉制加工技术

【说明】

哈密瓜（*Cucumis melo* var. saccharinus）是甜瓜的一个变种，又名雪瓜、贡瓜，是一类优良的甜瓜品种，果呈圆形或卵圆形，出产于新疆。味甜，果实大，以哈密所产最为著名，故称为哈密瓜。

哈密瓜不但香甜，而且富有营养价值。据分析，哈密瓜的干物质中含有 4.6％～15.8％的糖分，2.6％～6.7％的纤维素，还含有苹果酸、果胶物质、维生素 A、B 族维生素、维生素 C、烟酸以及钙、磷、铁等。其中铁的含量比鸡肉多两三倍，比牛奶高 17 倍。哈密瓜除供鲜食，还可制作瓜干、瓜脯、瓜汁。每 100g 瓜肉含有蛋白质 0.4g、脂肪 0.3g、灰分元素 2g，其中钙 14mg、磷 10mg、铁 1mg。哈密瓜鲜瓜维生素的含量比西瓜多 4～7 倍，比苹果高 6 倍，比杏子也高 1.3 倍。这些成分，有利于人的心脏和肝脏工作以及肠道系统的活动，可促进内分泌和造血机能，加强消化过程。哈密瓜有"瓜中之王"的美称，含糖量高，形态各异，风味独特，有的带奶油味，有的含柠檬香，但都味甘如蜜，奇香袭人，饮誉国内外。在诸多哈密瓜品种中，以"红心脆""黄金龙"品质最佳。

哈密瓜药用价值高。中医认为，甜瓜类的果品性质偏寒，具有疗饥、利便、益气、清肺热止咳的功效，适宜于肾病、胃病、咳嗽痰喘、贫血和便秘患者。哈密瓜虽然不是夏天消暑的水果，但是能够有效防止人被晒出斑来。夏日紫外线能透过表皮袭击真皮层，令皮肤中的骨胶原和弹性蛋白受到重创，这样长期下去皮肤就会出现松弛、皱纹、微血管浮现等问题，同时导致黑色素沉积和新的黑色素形成，使皮肤变黑、缺乏光泽，造成难以消除的太阳斑。而哈密瓜中含有丰富的抗氧化剂，而这种抗氧化剂能够有效增强细胞抗晒的能力，可减少皮肤黑色素的形成。另外，每天吃半个哈密瓜可以补充水溶性维生素 C 和 B 族维生素，能满足机体保持正常新陈代谢的需要。哈密瓜还可以很好地预防一些疾病，例如哈密瓜中钾的含量很高，钾对身体是非常有益的，钾可以给身体提供保护，有利于保持正常的心率和血压，还可以有效地预防冠心病，同时，钾能够防止肌肉痉挛，可让人的身体尽快从损伤中恢复过来。

哈密瓜粉以优质的哈密瓜为原料，采用目前较为先进的喷雾干燥技术加工而成，最大限度地保持了哈密瓜本身的原味，含有多种维生素和酸类物质。哈密瓜粉呈粉状，流动性好，口感佳，易溶解，易保存，香味纯正，颜色天然，速溶性好，不分层，不添加防腐剂、香精、色素。

【原料与设备】

加工用的哈密瓜为新鲜的哈密瓜。主要加工设备有胶体磨、薄膜蒸发设备、阿贝折射仪、高压均质机、流变仪、真空干燥箱、喷雾干燥机、蠕动泵、色差计、激光粒度测定仪、电子显微镜和水分测定仪等。

【工艺流程】

辅料←调配
原料 → 清洗 → 去皮、瓤及籽 → 破碎、打浆 → 过滤 → 真空浓缩 → 混合 →均质┘
包装←冷却←喷雾干燥←┘

【操作要点】

(1) 预处理　选择成熟的哈密瓜原料清洗去皮去籽并切分成小块。

(2) 打浆　使用打浆机将破碎后的物料打成浆状备用。

(3) 磨浆　用胶体磨将哈密瓜浆料进一步胶磨细化，然后通过三层棉质纱布过滤以去除粗纤维。

(4) 浓缩　通过薄膜蒸发设备在低温真空条件（50℃、0.01MPa）下将浆料浓缩至所需浓度（以可溶性固形物含量计），浓度通过数显阿贝折射仪自动测定。

(5) 调配　将辅料溶于蒸馏水中，再与浆液混合。哈密瓜粉辅料配比组合为：麦芽糊精 50%、环糊精 3%、阿拉伯胶 0.5%。

(6) 均质　在 10MPa 条件下均质处理使物料颗粒更加分散。

(7) 喷雾干燥　对处理后的物料进行喷雾干燥，获得产品。进风温度 149℃，热风流量 37.5m^3/h，入料速率 10r/min。

【质量标准】

外观：粉末疏松、无结块，无肉眼可见杂质；颜色：具有该产品固有的色泽，且均匀一致；气味：天然哈密瓜味。

溶解度：≥90%；粒度：100% 过 80 目筛；水分：≤6%。

菌落总数：<1000CFU/g；沙门氏菌：无；大肠杆菌：无。

第二十节　山楂的粉制加工技术

【说明】

山楂（*Crataegus pinnatifida* Bunge）又名山里果、山里红，为蔷薇科山楂属植物。在山东、陕西、山西、河南、江苏、浙江、辽宁、吉林、黑龙江、内蒙古、河北等地均有分布。核果类水果，核质硬，果肉薄，味微酸涩。果可生吃或作果脯果糕，干制后可入药，是中国特有的药果兼用树种，具有降血脂、降血压、强心、抗心律不齐等作用，同时也是健脾开胃、消食化滞、活血化痰的良药，对胸膈脾满、疝气、血瘀、闭经等症有很好的疗效。山楂的主要成分为黄酮类及有机酸类化合物，黄酮类化合物主要有牡荆素（vitexin）、槲皮素（quercetin）、槲皮苷（quercitin）、金丝桃苷（hyperoside）、木犀草苷（luteoloside）和芦丁（rutoside）；有机酸主要有山楂酸（maslinic acid）、柠檬酸（citric acid）、熊果酸（ursolic acid）等。另外尚含有磷脂（phosphatide）、维生素 C（vitamin C）、维生素 B_2（vitamin B_2）等。山楂内的黄酮类化合物牡荆素，是一种抗癌作用较强的药物，其提取物对抑制体内癌细胞生长、增殖和浸润转移均有一定的作用。山楂果实营养丰富，果肉含有较多的果胶和红色素，很适合食品加工。山楂加工的食品色泽鲜艳，风味浓郁，深受广大人民喜爱，市场供不应求。

【原料与设备】

加工用的山楂果为新鲜的山楂果。主要加工设备有胶体磨、薄膜蒸发设备、阿贝折射仪、高压均质机、流变仪、真空干燥箱、喷雾干燥机、蠕动泵、色差计、激光粒度测定仪、电子显微镜和水分测定仪等。

【工艺流程】

山楂果→清洗→挑选→冲洗→破碎→浸提→离心分离→澄清→过滤→浓缩→干燥
山楂汁粉←包装←冷却←┘

山楂果→清洗→挑选→冲洗→打浆→磨细→均质→灭菌→干燥→冷却→包装→山楂浆粉

【操作要点】

（1）原料的要求　山楂汁粉用的山楂果按汁用山楂果要求，选用充分成熟、色泽红艳的新鲜果实，果实大小不限，但应剔除腐烂的不合格果实。

（2）山楂汁粉加工中的浸提、澄清和浓缩　山楂汁粉是由山楂果通过软化、浸提取汁后，经过澄清和浓缩，再干燥而成的。制粉山楂汁有两种，一种是清汁，一种是浑汁。清汁浸提温度稍低，70~80℃，浸提三次，每次 2h，共 6h，浸汁用酶法脱胶后进行澄清过滤。浑汁浸提比清汁温度高一些，为 95~100℃，时间 5~6h，浸提后分离、过滤。浓缩时，清汁比浑汁容易。浑汁果胶含量多，黏度较高，要选用合适的蒸发器。浓缩前的制汁工艺要点与浓缩山楂汁基本相同，因为制粉的浓缩汁是中间产品，浓缩倍数（浓度）低，一般浓度30%左右，相对来说，比成品浓缩汁容易浓缩。

（3）山楂浆粉加工中的打浆和磨细　山楂浆粉是经过打浆，由果浆干燥制成的。均质及其以前的工序与果肉型山楂饮料相同。为了能使山楂果中的果胶物质水解，果实组织软化，有利于打浆，同时，为了将果皮及果肉中的天然色素更多地提取出来，在打浆前先行浸提，浸提温度90～95℃，时间30～40min。采用两道打浆，一道打浆机筛孔直径2.5～3.0mm，二道打浆机筛孔直径0.8～1.2mm。用胶体磨磨后均质，均质压力可比果肉型饮料的适当低一些，一般为20～25MPa。

（4）干燥　用喷雾干燥机干燥，进风温度160～180℃，出风温度75～80℃。成品粉的水分含量3%～5%，粒度30～50μm。

【质量标准】

1. 感官指标

色泽：根据山楂品种，山楂粉分别呈砖红色、浅红色、粉红色等不同色泽，但同一工厂的产品色泽必须均匀一致。

滋味与气味：酸味浓，微甜，具有山楂果粉的特有风味，无异味。

组织及形态：粉末状或细颗粒状，疏松、无结块。

杂质：果肉型山楂粉允许有少量花萼等残留杂质，其他杂质不允许存在。

2. 理化指标

水分含量≤3.0%；总酸度（以柠檬酸计）＞5.0%；重金属含量：铜≤10mg/kg，砷≤0.5mg/kg，铅≤1mg/kg。

3. 微生物指标

细菌总数≤1000CFU/g，大肠杆菌≤30MPN/100g，致病菌不得检出。

第二十一节　树莓的粉制加工技术

【说明】

树莓（学名：*Rubus corchorifolius* L.f.）又名山莓、山抛子、牛奶泡、撒秧泡、三月泡、四月泡、龙船泡、大麦泡、泡儿刺、刺葫芦、馒头菠、高脚波。果味甜美，含糖、苹果酸、柠檬酸及维生素C等，可供生食、制果酱及酿酒。树莓浆果所含的各种营养成分易被人体吸收，具有促进其他营养物质的吸收和消化、改善新陈代谢、增强抗病力的作用。据沈阳农业大学树莓课题组的黄庆文教授提供的综合资料分析：每 100g 红树莓鲜果含水分 84.2g，蛋白质 0.2g，脂肪 0.5g，碳水化合物 13.6g，纤维 3g，灰分 0.5g，钙 22mg，磷 22mg，镁 20mg，钠 1mg，钾 168mg，维生素 A_1 30IU，维生素 B_1 0.03mg，维生素 B_2 0.09mg，烟酸（维生素 PP）0.9mg，维生素 C 25mg，维生素 B_9 0.2～0.25mg，维生素 P 240mg。树莓浆果所含的糖、有机酸、维生素 C、维生素 P、维生素 B_9 和造血化合物结合，使树莓成为有利于防病、治病的药物食品。沈阳农业大学等科研机构针对红树莓富含的多种维生素、SOD、花青素、单宁等极其珍贵的营养成分和药物成分所起到的特殊保健功效给予了充分的肯定和证实；同时对树莓在国内外市场上的利用空间越来越广阔和从鲜食到深加工等多用途呈现出生机勃勃的发展潜力也做出了高度评价。树莓粉采用目前较为先进的喷雾干燥技术加工而成，最大限度地保持了树莓本身的原味，呈粉状，流动性好，口感佳，易溶解，易保存。产品特点：香味纯正，原汁原味，颜色天然，速溶性好，不分层，不添加防腐剂、香精、色素。树莓的食用效果好，维生素 E 含量也居各类水果之首，能够消除人体产生的大量有害代谢物质，提高人体免疫力。

【原料与设备】

加工用的树莓为新鲜的树莓果。主要加工设备有胶体磨、薄膜蒸发设备、阿贝折射仪、高压均质机、流变仪、真空干燥箱、喷雾干燥机、蠕动泵、色差计、激光粒度测定仪、电子显微镜和水分测定仪等。

【工艺流程】

原料清洗→打浆→研磨→均质→加热→喷雾干燥→冷却→包装→成品

【操作要点】

（1）预处理　挑选新鲜、成熟、无霉烂、无病虫的树莓果实，洗涤时在水中加入浓度为 600mL/L 的高锰酸钾 0.1％，常温清洗 10min。

（2）打浆　将树莓果实放入不锈钢的打浆机中破碎打浆，搅拌均匀成糊状物，通过筛孔过滤。浆液浓度以固形物含量为 13％～15％为准，打浆机筛孔的直径为 0.5mm。

（3）磨细　打浆后的糊状物在胶体磨中磨细，使原料浆液中的颗粒均匀化，粒径降到 0.05mm 以下。

（4）均质　将磨细后的浆液在高压均质机内用 10MPa 压力均质。

（5）加热　将均质后的汁液升温到 45～50℃，在带有搅拌器的保温缸中进行升温，在 2h 内达到所需要的温度；升温和保温时开动搅拌器搅拌。

（6）喷雾干燥　将升温后的树莓果实液泵入喷雾干燥塔内进行干燥，喷雾压力为 9.8～11MPa，进风温度为 155～160℃，出风温度为 80℃，得干燥的树莓果实粉；将干燥好的树莓果实粉在干燥塔内冷却，待粉体温度降至 50℃ 以下，包装。

【质量标准】

外观：粉末疏松、无结块，无肉眼可见杂质；颜色：具有该产品固有的色泽，且均匀一致。

溶解度：≥90%；粒度：100% 过 80 目筛；水分：≤6%。

菌落总数：<1000CFU/g；沙门氏菌：无；大肠杆菌：无。

第二十二节　乌梅的粉制加工技术

【说明】

乌梅，中药名，为蔷薇科植物梅［*Prunus mume*（Sieb.）Sieb. et Zuce.］的干燥近成熟果实。我国各地均有栽培，以长江流域以南各省最多。乌梅具有敛肺、涩肠、生津、安蛔之功效。常用于肺虚久咳、久泻久痢、虚热消渴、蛔厥呕吐腹痛。乌梅别名酸梅、黄仔、合汉梅、干枝梅，经烟火熏制而成。若用青梅以盐水日晒夜浸，10d 后有白霜形成，叫作白霜梅，其功效类似，宜忌相同。乌梅中含钾多而含钠较少，因此，需要长期服用排钾性利尿药者宜食之。

乌梅的作用有：

（1）防老化　若要真正地享受长寿，就不应该受老化病的折磨。吃乌梅会刺激腮腺激素的分泌，而这种激素能预防老化。

（2）清血　现代人喜欢吃的食物多是精制食品（如精白谷类、精白面包、精白面条、精白糖）、化学调味料及动物性食物。吃了这些食物会致使血液里的毒素剧增，日子久了，血液循环恶化而产生酸素。每天吃一个乌梅可帮助清扫血液，使血液流动量正常化，并可排除过量的酸素。

（3）增加能量　当血液净化时，新陈代谢就增强，身体自然会恢复能量。乌梅里的柠檬酸能促进维生素吸收，还能预防疾病及消除疲劳。

（4）保护消化系统　乌梅有消毒的功能，可防止食物在肠胃里腐化。

（5）消除便秘　乌梅里的苹果酸可把适量的水分导引到大肠，促使粪便形成而排出体外。

（6）增进食欲　乌梅有增进食欲的功效。

（7）解酒功能　乌梅对治口臭及宿醉的效果很好，宿醉时，可尝试喝一杯乌梅番茶，其做法如下：取一个乌梅泡在一杯温水里约 5min，然后加入一茶匙番茶叶即可。

（8）缓解孕吐　乌梅有缓解孕吐的功效。

乌梅粉、青梅粉选用浙江长兴地区种植的优质纯天然、无污染青梅为原料，经清洗、打浆、取汁、杀菌、浓缩、低温喷雾干燥等工艺制成，很好地保持了青梅及乌梅原果的营养成分、色泽及风味，可广泛应用于营养保健品、功能性食品、婴幼儿食品、各种膨化食品、中老年食品、固体饮料、糖果、糕点、果酱、方便食品等。

【原料与设备】

加工用的乌梅为新鲜的乌梅果。主要加工设备有烘箱、粉碎机、激光粒度测定仪、电子显微镜、水分测定仪和真空包装机等。

【工艺流程】

原料选择→清洗→切半去核→干制→粉碎→过筛→消毒杀菌→包装→成品

【操作要点】

（1）原料选择　选用成熟果，要求果大肉厚，核小，剔除病虫果。

（2）清洗　用清水充分清洗去除果实表皮污物，再放入1%食盐水中漂洗去残留农药，最后重新放入清水中漂洗，沥干水分备用。

（3）切半去核　将洗净的梅果用不锈钢刀具对半切开，并挖去核，削去伤烂斑点和影响风味的果肉。

（4）干制

① 人工干制：将原料按大小、厚薄分别放在铝盘、不锈钢盘或搪瓷盘上，放入烘房或恒温烘箱，温度控制在55～65℃进行烘干，约8～10h，而后温度降到40～50℃烘干12～14h，中间翻动1～2次，原料不能摊得过厚。

② 自然干制：将原料放置在晒盘上，置于太阳光下暴晒至8～9成干。若天气晴好，一般晒5～6d，晒盘可叠放阴干。在暴晒过程中，须翻1～2次，以防变质或粘在晒盘上。

（5）粉碎　先将粉碎机净化（消毒、晒干）而后将晒干的梅果压磨成粉状，若未完全干，可再晒或烘干，用60～80目的筛子过筛，粉越细越好。

（6）消毒杀菌　把过筛的细粉放入烘箱，温度调到80℃，烘2h，消毒杀菌。

（7）成品包装　干燥的成品用真空包装机或复合塑料食品袋进行无菌密封包装，成品存放于干燥通风处。

【质量标准】

（1）感官指标　外观：粉末疏松、无结块，无肉眼可见杂质。色泽：具有该产品固有的色泽，绿白色或带点褐色，且均匀一致。气味：无异味，有梅的清香味。口感：无砂齿。

（2）理化指标　粒度：100%过80目筛。水分含量（%）≤15。总酸度（%）≤4.5。黏度≥10。灰分≤0.5。

（3）卫生指标　细菌总数（CFU/g）≤500。大肠杆菌近似值（MPN/100g）≤30。致病菌不得检出。砷（mg/kg）≤0.5。铅（mg/kg）≤1.0。

第二十三节　椰子的粉制加工技术

【说明】

椰子（学名：*Cocos nucifera* L.）是棕榈科椰子属植物，植株高大，乔木状，高15～30m，茎粗壮，有环状叶痕，基部增粗，常有簇生小根。叶柄粗壮，花序腋生，果卵球状或近球形，果腔含有胚乳（即"果肉"或种仁）、胚和汁液（椰子水），花果期主要在秋季。椰子原产于亚洲东南部、印度尼西亚至太平洋群岛，中国广东南部诸岛及雷州半岛、海南、台湾及云南南部热带地区均有栽培。椰子为重要的热带木本油料作物，具有极高的经济价值，全株各部分都有用途。

椰汁及椰肉含有丰富的蛋白质、果糖、葡萄糖、蔗糖、脂肪、维生素 B_1、维生素 E、维生素 C、钾、钙、镁等。椰肉色白如玉、芳香滑脆，椰汁清凉甘甜，椰肉、椰汁都是老少皆宜的美味佳品。在每100g椰子中，能量达到900kJ，蛋白质4g，脂肪12g，膳食纤维4g，另外还含有多种微量元素，碳水化合物的含量也很丰富。椰子性味甘、平，入胃、脾、大肠经；果肉具有补虚强壮，益气祛风，杀虫消疳的功效，久食能令人面部润泽，益人气力及耐受饥饿，可治小儿绦虫、姜片虫病；椰水具有滋补、清暑解渴的功效，主治暑热类渴、津液不足之口渴；椰子壳油可用于治癣。椰子综合利用产品有360多种，具有极高的经济价值。椰子可生产不同的产品，被充分利用于不同行业，是热带地区独特的可再生、绿色、环保型资源。椰肉可榨油、生食、做菜，也可制成椰奶、椰蓉、椰丝、椰子酱罐头和椰子糖、饼干等；椰子水可作清凉饮料；椰纤维可制毛刷、地毯、缆绳等；椰壳可制成各种工艺品、高级活性炭；树干可作建筑材料；叶子可盖屋顶或用于编织。椰子树形优美，是热带地区绿化美化环境的优良树种，椰子根可入药，椰子水除饮用外，因含有生长物质，是组织培养的良好促进剂。

【原料与设备】

加工用的椰子为新鲜的椰子果。主要加工设备有榨汁机、筛滤机、薄膜蒸发设备、阿贝折射仪、流变仪、真空干燥箱、喷雾干燥机、蠕动泵、色差计、激光粒度测定仪、电子显微镜和水分测定仪等。

【工艺流程】

原料选择→原料清洗→压榨取汁→过滤、澄清→浓缩→喷雾干燥→粉碎→过筛包装

【操作要点】

（1）原料选择　选用成熟、无污染、无腐烂、当季椰子。

（2）原料处理及压榨取汁　按 1kg 水加 1kg 果实，或 1kg 果干加 5kg 水的比例加料，加热至 85～90℃，保持 20～30min，然后停止加热，静置 24h，压榨取汁。

（3）果汁过滤、澄清　用筛滤机进行过滤，然后进行自然澄清或加酶澄清。

（4）浓缩　可采用常压浓缩和真空浓缩。常压浓缩，在不锈钢双层锅内浓缩，加热，蒸气压为 0.25MPa。

浓缩过程注意搅拌，以加速水分蒸发，防止焦化；浓缩使固形物含量达到 28%；每次浓缩投料不宜过多，时间以 40min 为宜。

真空浓缩，在减压、较低温度下浓缩。加热，蒸气压 1.47×10^5 Pa，温度 50℃。

（5）喷雾干燥　用高压喷雾设备对浓缩汁进行喷雾干燥，进料温度为 50～60℃，高压泵工作压力为 1.77×10^7 Pa，干燥助剂糊精粉加量 0.5%，进风温度 120℃，出风温度 75～78℃。

（6）冷却、包装　干燥后的椰子粉迅速冷却，然后进行包装、密封。

【产品指标】

外观形状：天然乳白色粉末状；味道：纯天然椰子香味，无异味。

脂肪含量：＞60%；蛋白质含量：＞9.92%；粒度：100%过 80 目筛；含水量：≤5%；pH 值：6～6.5。

微生物：细菌总数＜1000CFU/g；大肠杆菌不存在；沙门氏菌不存在。

第二十四节　蓝莓的粉制加工技术

【说明】

蓝莓，英文名称 blueberry，意为蓝色浆果，属杜鹃花科越橘属植物。起源于北美，为多年生灌木小浆果果树。因果实呈蓝色，故称为蓝莓。蓝莓果实中含有丰富的营养成分，具有防止脑神经老化、保护视力、强心、抗癌、软化血管、增强人机体免疫力等功能，营养价值高。蓝莓是联合国粮食及农业组织推荐的五大健康水果之一，并且据美国、日本、欧洲科学家研究，经常食用蓝莓制品，可明显地增强视力，消除眼睛疲劳。医学临床报告也显示，蓝莓中的花青素可以促进视网膜细胞中的视紫质再生，从而可预防近视，增进视力。

蓝莓果实平均重 0.5～2.5g，最大重 5g，果实色泽美丽、悦目，呈蓝色并被一层白色果粉，果肉细腻，种子极小，可食率为 100%，具清淡芳香，甜酸适口，为一鲜食佳品。蓝莓果实除了含有常规的糖、酸和维生素 C 外，还富含维生素 E、维生素 A、B 族维生素、超氧化物歧化酶（SOD）、熊果苷、蛋白质、花色素苷、食用纤维以及丰富的 K、Fe、Zn、Ca 等矿物质元素。根据吉林农业大学小浆果研究所对国外引种的 14 个蓝莓品种分析，果实中花色素苷含量高达 163mg/100g，鲜果维生素 E 含量达 9.3μg/100g，是其他水果（如苹果、葡萄）的几倍甚至几十倍；总氨基酸含量 0.254%，比氨基酸含量丰富的山楂还高。

蓝莓果实有极强的药用价值及营养保健功能，不仅富含常规营养成分，而且还含有极为丰富的黄酮类和多糖类化合物，因此又被称为"水果皇后"和"浆果之王"。

1. 常规营养成分

蓝莓中诸如蛋白质、维生素等常规营养成分含量十分丰富，矿物质元素含量也相当可观。

2. 特殊营养成分

（1）花青素 花青素是一种非常重要的植物水溶性色素，属于纯天然的抗衰老营养补充剂，是目前人类发现的最有效的抗氧化生物活性剂。蓝莓中花青素含量非常高，同时花青素种类也十分丰富，研究发现蓝莓果中含有的花青素成分竟高达 15 种之多，虽然不同品种蓝莓中花青素的含量并不相同，但普遍含量都相对较高。

（2）总酸和有机酸 蓝莓中有机酸含量约占总酸含量的一半以上。有机酸中大部分是枸橼酸，其他的有熊果酸、奎宁酸和苹果酸等。需要着重一提的是熊果酸，熊果酸又称乌索酸，是一种弱酸性五环三萜类化合物，是多种天然产物的功能成分，具有广泛的生物学活性，特别在抗肿瘤等方面作用突出。

（3）酚酸 蓝莓中含有多种多酚类物质，酚酸就是其中重要的一类。酚酸类物质是酚类物质的一种，具有良好的营养功能和抗氧化等药理活性。蓝莓中的酚酸有十余种，其中含量最高的是绿原酸（又称咖啡鞣酸），研究发现其对多种癌症（肺癌、食管癌等）有明显的抑制作用，同时抗氧化作用也非常强大。

（4）超氧化物歧化酶 超氧化物歧化酶是广泛存在于生物体内的一种酸性金属酶，是生物体内重要的自由基清除剂，其主要作用是能专一地清除生物氧化中产生的超氧阴离子自由基，被誉为"21 世纪的保健黄金"。蓝莓中 SOD 含量丰富，虽然不同品种蓝莓中的 SOD 含量略有差异，但总体上相差不大。

（5）果胶 果胶是一类多糖高分子聚合物的总称，科学研究发现，果胶能够有效地清除人体内未消化的食糜和其他多种肠道有毒有害物质，同时有助于调节餐后血糖和肠道微菌群平衡，而且还对多种现代"文明病"起到很好的预防和辅助治疗作用。蓝莓中果胶含量丰富，约是苹果或香蕉果胶含量的 1～3 倍。

（6）紫檀芪　紫檀芪，因最早在紫檀植物中被发现而得名。2004 年科学家才首次在蓝莓和葡萄等浆果类植物果实中分离出紫檀芪。研究发现，紫檀芪同样具有良好的抗氧化、抗癌、抗炎和抗糖尿病等功效。紫檀芪在抗癌方面的作用受到人们的高度关注，尤其是在抗结肠癌方面，紫檀芪表现出非常喜人的功效。

蓝莓除了富含上述多种营养成分之外，还含有诸如云彬单宁醇、苯甲酸钠等物质，正因如此，联合国粮食及农业组织将蓝莓确定为人类五大健康食品之一。

果粉是将新鲜果品加工成粉状的成品，具有风味独特、易吸收、对果品中的功效成分和营养成分保留高、冲调方便、产品安全卫生的优点，同时还有便于贮运、应用广泛的特点，国际国内市场对各种果粉的需求正在日益增大。蓝莓果内由于含有较多低分子量的糖，在蓝莓果干燥后期易导致产品黏稠、吸湿等问题，因此，以下介绍蓝莓全果粉和速溶型蓝莓果粉两种产品。

一、蓝莓全果粉的生产

【原料与设备】

加工蓝莓全果粉用的蓝莓为新鲜的蓝莓果。主要加工设备有真空干燥箱、粉碎机、激光粒度测定仪、电子显微镜、水分测定仪和真空包装机等。

【工艺流程】

原料选择→清洗沥干→干制→粉碎→过筛→消毒杀菌→包装→成品

【操作要点】

（1）原料选择　选用成熟果，要求大小整齐。

（2）清洗　用清水充分清洗去除果实表皮污物，再放入 1％食盐水中漂洗去残留农药，最后重新放入清水中漂洗，沥干水分备用。

（3）干制

① 人工干制：将原料按大小、厚薄分别放在铝盘、不锈钢盘或搪瓷盘上，放入烘房或恒温烘箱，温度控制在 55～65℃进行烘干，约 8～10h，而后温度降到 40～50℃烘干 12～14h，中间翻动 1～2 次，原料不能摊得过厚。

② 自然干制：将原料放置在晒盘上，置于太阳光下暴晒至 8～9 成干。若天气晴好，一般晒 5～6d，晒盘叠放阴干。在暴晒过程中，须翻 1～2 次，以防变质或粘在晒盘上。

（4）粉碎　先将粉碎机净化（消毒、晒干），而后将晒干的梅果压磨成粉状，若未完全干，可再晒或烘干，用 60～80 目的筛子过筛，粉越细越好。

（5）消毒杀菌　把过筛的细粉放入烘箱，温度调到 80℃，烘 2h，消毒杀菌。

（6）成品包装　干燥的成品用真空包装机或复合塑料食品袋进行无菌密封包装，成品存放于干燥通风处。

【质量标准】

（1）感官指标　外观：粉末疏松、无结块，无肉眼可见杂质。色泽：具有该产品固有的蓝色，且均匀一致。气味：无异味，有蓝莓的清香味。口感：无砂齿。

（2）理化指标　粒度：100% 过 80 目筛。水分含量（%）≤10。总酸度（%）≤4.30。黏度≥10。灰分≤0.4。

（3）卫生指标　细菌总数（CFU/g）≤500。大肠杆菌近似值（MPN/100g）≤30。致病菌不得检出。砷（mg/kg）≤0.5。铅（mg/kg）≤1.0。

二、速溶型蓝莓果粉的生产

【原料与设备】

加工速溶型蓝莓果粉用的蓝莓为蓝莓果实榨汁后的蓝莓皮、渣。主要加工设备有胶体磨、薄膜蒸发设备、阿贝折射仪、高压均质机、流变仪、真空干燥箱、喷雾干燥机、蠕动泵、色差计、激光粒度测定仪、电子显微镜和水分测定仪等。

【工艺流程】

果汁（用于果汁饮料等）

选料→清洗→榨汁→料液分离→皮、渣→提取→浓缩→沉淀→过滤→喷雾干燥→速溶蓝莓果粉

助干剂

【操作要点】

（1）选料　挑选表面光滑、无机械损伤、无霉烂变质的蓝莓果。

（2）清洗　选出的蓝莓果用流动水清洗干净即可。

（3）榨汁　洗净的蓝莓果放入榨汁机榨汁后收集蓝莓皮、渣，1kg 蓝莓果榨汁后约可得 0.4kg 皮、渣。

（4）提取　向蓝莓皮、渣中按固液比 1∶15（g/mL）的比例加入浓度大于 95% 的食用乙醇，在 45～50℃并避光的条件下提取两次，每次 1～2h，合并提取液。

（5）浓缩　提取液在 −0.05～−0.08MPa、45～50℃条件下浓缩至黏稠状，得到浓缩物。

（6）沉淀　浓缩物按 1g 浓缩物加 10mL 水的比例加入蒸馏水，充分振荡，静置 2h 后，过滤。

（7）助干剂　滤液按质量分数（按料液比计）30％～40％的比例加入助干剂（β-环糊精），在45～50℃条件下混合均匀，调配成混合液。

（8）喷雾干燥　调配好的混合液，采用喷雾干燥法干燥，即得到速溶蓝莓果粉。喷雾干燥工艺条件为：料液温度45～50℃，进料流量18mL/min，进风温度140℃，出风温度80～85℃。

【质量标准】

外观形状：天然蓝色粉末状；味道：纯天然蓝莓香味，无异味。

粒度：100％过80目筛；含水量：≤5％；流动性：8.90cm±0.3cm。

微生物：细菌总数＜1000CFU/g；大肠杆菌不存在；沙门氏菌不存在。

第二十五节　雪莲果的粉制加工技术

【说明】

雪莲果，菊薯的别称，在中国四川被称作"万根苕"，是一种菊科多年生草本植物，原产于南美洲的安第斯山脉，安第斯山脉的居民栽种这种植物作为根茎类蔬菜食用。菊薯的块根含有丰富的水分与低聚果糖，尝起来既甜又脆，也可以当作水果食用。在台湾市场里，商贩以"地下水果"或"天山雪莲"的名称，来贩卖菊薯的块根，实际上，菊薯和雪莲花是两种不同的植物。国际马铃薯中心的资料表明，雪莲果含丰富的带有甜味的低聚果糖，人体内没有酶可以水解这种碳水化合物，因此难以被人吸收，糖尿病患者亦可食用。雪莲果富含人体所需的20多种氨基酸及多种维生素、矿物质，特别是寡糖含量最高，能促进有益微生物的生长。

研究表明，雪莲果还含有大量的水溶性纤维，具有清肝解毒、美容养颜和提高人体免疫力等功效，由于其功能性成分低聚果糖的含量是所有蔬菜和水果中最高的，因而博得"低聚果糖之王"的美名。但是，人体肠胃内的酶不能水解这种功能性寡糖，被食用后直接进入大肠，作为双歧杆菌的有效增殖因子被优先利用，因此，长期食用雪莲果可达到如下生理功效：①促进双歧杆菌增殖，调节肠道菌群；②抑制内毒素，保护肝脏功能；③调节肠胃功能，防治便秘和腹泻；④激活免疫、抗衰老、抗肿瘤；⑤降低血清胆固醇，降低血压；⑥合成维生素；⑦能量低，不会引起龋齿。

随着人们对雪莲果药用价值的广泛认识，加之可口味美，雪莲果已成为集保健和美味于一体的水果明星。因此，雪莲果被称作"纯天然保健水果明星"。雪莲果的含水量高达90％左右，采摘后极易发生腐败现象，其中所含的低聚果糖在采收不久会发生不同程度的水解，从而降低其保健和药用功效。目前，雪莲果的食用以鲜食为主，因此会受季节的限制。当前，雪莲果的开发利用还停留在初级阶段，但随着人们对功能性食品需求的日益增加，雪莲果因其较优的功能特性和良好的药用价值将越来越被重视。因此，为更好地满足广大消费者对雪莲果的需求，降低其在销售过程中的巨大损失，增加果农的经济收入，扩大雪莲果消费市场，推动雪莲果种植业的健康发展，很有必要对雪莲果进行精深加工。通过精深加工将雪莲果制成粉，既可降低低聚果糖的分解，也可降低雪莲果在运输过程中的腐败变质。因此，对雪莲果进行精深加工不仅有助于扩大雪莲果产业和丰富人们的饮食，还有助于缩小城乡收入差距。

【原料与设备】

加工雪莲果果粉用的雪莲果为新鲜的雪莲果。主要加工设备有真空干燥箱、粉碎机、激光粒度测定仪、电子显微镜、水分测定仪和真空包装机等。

【工艺流程】

原料→分选→清洗→去皮→切块→护色→干燥→粉碎→包装→产品

【操作要点】

(1) 分选 挑选无机械损伤、无病虫害和成熟度基本一致的雪莲果。

(2) 清洗、去皮 先用清水冲洗果实表面的灰尘和污垢，再用不锈钢去皮刀手工去皮。

(3) 切片 将去皮后的果实切成厚 0.2cm 的薄片，切片应厚薄一致，并且尽量使果片的大小基本一致。

(4) 护色 将切好的果片放入护色液中浸泡 20min，然后再用清水洗净残留的护色液。

(5) 干燥 分别采用自然干燥、热风干燥、微波干燥、真空干燥 4 种方法对果片进行干燥。干燥时将果片分散摆放在盘中，避免干燥不均匀，从而影响果粉品质的均一性。

(6) 粉碎 把干燥果片在超微粉碎机中磨碎。

(7) 包装 把磨碎的果粉按要求进行包装，保存。

理化指标的测定方法：水分含量参照 GB 5009.3—2016 测定；蛋白质含量参照 GB 5009.5—2016 测定；还原糖含量参照 GB 5009.7—2016 测定；总酸（以苹果酸计）含量参照 GB 12456—2021 测定；粗纤维含量参照 GB/T 6434—2022 测定。

【质量标准】

外观形状：天然乳白色粉末状；味道：纯天然雪莲果香味，无异味。

粒度：100% 过 80 目筛；含水量：≤5%；流动性：8.90cm±0.3cm。

微生物：细菌总数＜1000CFU/g；大肠杆菌不存在；沙门氏菌不存在。

第二十六节　樱桃的粉制加工技术

【说明】

樱桃（学名：*Cerasus pseudocerasus*），别称车厘子、莺桃、荆桃、楔桃、英桃、牛桃、樱珠、含桃、玛瑙等，是某些李属类植物的统称。樱桃的品种有：红灯、红蜜、红艳、早红、先锋、大紫、黄蜜、美早、龙冠、早大果、拉宾斯、那翁、梅早等。果实可以作为水果食用，外表色泽鲜艳、晶莹美丽、红如玛瑙或黄如凝脂，果实富含糖、蛋白质、枸橼酸、酒石酸、胡萝卜素、维生素及钙、铁、磷、钾等多种元素。世界上樱桃主要分布在美国、加拿大、智利、澳大利亚、欧洲等地，中国主要产地有山东、安徽、江苏、浙江、河南、甘肃、陕西、四川等。樱桃味甘、酸，性微温，能益脾胃，滋养肝肾，涩精，止泻。用于脾胃虚弱，少食腹泻，或脾胃阴伤，口舌干燥；肝肾不足，腰膝酸软，四肢乏力，或遗精；血虚，头晕心悸，面色不华，面部雀斑等。可生食、煎汤、浸酒或蜜渍服。樱桃铁的含量较高，每 100g 樱桃中含铁量多达 59mg，居于水果首位；维生素 A 含量比葡萄、苹果、橘子多 4～5 倍；胡萝卜素含量比葡萄、苹果、橘子多 4～5 倍。此外，樱桃中还含有 B 族维生素、维生素 C 及钙、磷等矿物质元素。每 100g 含水分 83g，蛋白质 1.4g，脂肪 0.3g，糖 8g，碳水化合物 14.4g，热量 66kcal（1kcal＝4.1868kJ），粗纤维 0.4g，灰分 0.5g，钙 18mg，磷 18mg，铁 5.9mg，胡萝卜素 0.15mg，硫胺素 0.04mg，核黄素 0.08mg，烟酸 0.4mg，抗坏血酸 900mg，钾 258mg，钠 0.7mg，镁 10.6mg。樱桃可以缓解贫血，铁是合成人体血红蛋白的原料，对于女性来说有着极为重要的意义。世界卫生组织的调查表明，大约有 50％的女童、20％的成年女性、40％的孕妇会发生缺铁性贫血。另外，樱桃虽好，但也要注意不宜多吃。因为其中除了含铁多以外，还含有一定量的氰苷，若食用过多会引起铁中毒或氰化物中毒。

樱桃全身皆可入药，鲜果具有发汗、益气、祛风、透疹的功效，适用于四肢麻木和风湿性腰腿病的食疗。对于痛风患者来说，樱桃对消除肌肉酸痛和发炎十分有效，它含有的丰富花青素及维生素 E 等，都可以促进血液循环，有助于尿酸的排泄，缓解因痛风、关节炎所引起的不适，是很有效的抗氧化剂，特别是樱桃中的花青素，能降低发炎的概率，起到消肿、减轻疼痛的作用。因为新鲜樱桃上市时间短，所以有人推荐用樱桃泡酒以便常食，可是酒是痛风患者的饮食大忌，可将鲜樱桃榨汁或将整个樱桃直接装于高温输液瓶，放于锅内高温蒸煮消毒后保存。这样做的弊端是樱桃中有效成分会损失一部分，所以食用时可适当加量。但是要注意，虽然樱桃对缓解关节痛有良效，但决不能代替必要的药物治疗。《全国中草药汇编》记载：樱桃果实味甘性温，有调中补气、祛风湿等功能。初发咽喉炎症，于早晚各嚼服 30～60g 鲜果可消炎。风湿引起的瘫痪或风湿腰痛、关节麻木等症，用米酒 1kg 泡鲜果 0.5kg，10 d 后，早晚各服 30～60g。体虚无力或疲劳无力，可用鲜果去核煮烂，加白糖拌匀，早晚各服一汤匙。也可将鲜果泡于酒精中，密封贮至冬季，用以涂擦冻疮有良好的效果。樱桃核味辛苦性平，有解毒的功能。痈疮溃不愈可用核 150g 破碎，水煎，洗患处。

樱桃是极受人们欢迎的水果。因为樱桃的采收期短，且极不耐贮藏，在以鲜食为主的同时，已被开发出一批系列食品，如樱桃果汁饮料、樱桃酱、樱桃罐头及樱桃酒等，利用喷雾干燥生产樱桃粉，其营养与风味损失少，制品颗粒度小且均匀，有很好的分散性和速溶性。

【原料与设备】

加工用的樱桃为新鲜的樱桃。主要加工设备有高速组织捣碎机、筛滤机、薄膜蒸发设备、阿贝折射仪、流变仪、真空干燥箱、喷雾干燥机、蠕动泵、色差计、激光粒度测定仪、电子显微镜和水分测定仪等。

【工艺流程】

鲜樱桃→去蒂→清洗→去核、打浆→浓缩→加助干剂→均质
包装贮藏←收集←喷雾干燥←┘

【操作要点】

(1) 原料选择　选用成熟、无污染、无腐烂、新鲜樱桃。

(2) 原料去蒂及清洗。

(3) 原料去核及打浆　将樱桃去核，用组织捣碎机打浆，将浆液用筛滤机过滤。

(4) 浓缩　用薄膜蒸发设备浓缩樱桃浆，至固形物达到所需要的浓度。

(5) 均质　在樱桃浆中加入各种配料后均质，均质压力为 25MPa。

(6) 喷雾干燥　助干剂为麦芽糊精，樱桃汁中的固形物与麦芽糊精的比例为 3:7，入料浓度为 25%，入料流量为 600mL/h，入料温度为 50℃，进风温度为 180～190℃，进风量在 22～25m³/h，转速为 25000r/min。

(7) 包装　粉末加工后尽快包装，包装保存期间，应选用阻湿阻氧性好的包装袋，内置干燥剂，并在低温、低湿度环境下保存。

【质量标准】

外观形状：天然红色粉末状；味道：纯天然樱桃香味，无异味。

粒度：100% 过 80 目筛；含水量：≤5%；pH 值：6～6.5。

微生物：细菌总数<1000CFU/g；大肠杆菌不存在；沙门氏菌不存在。

第二十七节　杨梅的粉制加工技术

【说明】

杨梅〔*Myrica rubra*（Iour.）Sieb. et Zucc.〕是浆果的一种，是我国传统的特产水果，资源丰富，种类繁多。我国杨梅的主要种植品种有 4 个，主要是来自浙江省的四大主要种植品种：丁岙梅、东魁、晚稻杨梅、荸荠种。其中，东魁品种的杨梅果形最大，平均单个果重 25g，最大的能有 52g，超出同类杨梅质量的 1 倍以上，是我国乃至世界上果形最大的杨梅品种，其品质优良，属于晚熟品种，种植面积 85000hm²，产量为 28 万吨，占杨梅总种植面积的 20%，总产量的 28%；荸荠杨梅以它的果实具有浓郁的香气、深黑的颜色而赢得消费者的青睐，目前在全国的种植面积和产量仅次于东魁杨梅。福建、广东、江苏、贵州等地也有杨梅的种植，如福建省的福宫 1 号、硬丝、软丝等，江苏的大叶细蒂、小叶细蒂、乌梅、紫杨梅等，贵州的白水杨梅、鸡蛋杨梅、山杨梅等，广东的乌苏梅、白杨梅、白蜡等。

杨梅的营养成分及功效包括以下几个方面：

（1）助消化增食欲　杨梅含有多种有机酸，维生素 C 的含量也十分丰富，鲜果味酸，食之可增加胃中酸度，有助于消化食物，增进食欲。

（2）收敛消炎止泻　杨梅性味酸涩，具有收敛消炎作用，加之其对大肠杆菌、痢疾杆菌等细菌有抑制作用，故能治痢疾腹痛，对下痢不止者有良效。

（3）防癌抗癌　杨梅中含有维生素 C、B 族维生素，对防癌抗癌有积极作用。杨梅果仁中所含的氰氨类物质、脂肪油等也有抑制癌细胞的作用。

（4）祛暑生津　杨梅鲜果能和中消食，生津止渴，是夏季祛暑之良品，可以预防中暑，去痧，解除烦渴。所含的果酸既能开胃生津，消食解暑，又有阻止体内的糖向脂肪转化的功能，有助于减肥。

目前杨梅加工产品主要有杨梅果脯、杨梅凉果、杨梅罐头、杨梅酒、杨梅汁，产量小而且不易贮藏，因此对杨梅产地贮藏及加工技术的研究势在必行，而对杨梅进行干燥加工，则可大大延长其保质期，丰富杨梅加工产品种类，是延长杨梅深加工产业链的重要途径之一。杨梅粉以优质的杨梅为原料，采用目前较为先进的喷雾干燥技术加工而成，最大限度地保持了杨梅本身的原味，含有多种维生素和酸类物质。杨梅粉呈粉状，流动性好，口感佳，易溶解，易保存。

【原料与设备】

加工用的杨梅为新鲜的杨梅。主要加工设备有高速组织捣碎机、筛滤机、薄膜蒸发设备、阿贝折射仪、流变仪、真空干燥箱、喷雾干燥机、蠕动泵、色差计、激光粒度测定仪、电子显微镜和水分测定仪等。

【工艺流程】

杨梅鲜果→去核→打浆→加水→过胶体磨→均质→喷雾干燥→制备成粉

【操作要点】

(1) 原料选择　选择成色好的新鲜杨梅。

(2) 原料去杂及清洗　去除杂叶、杂草等杂质，剔去霉烂、虫咬等坏掉的果实，用水冲洗干净。

(3) 原料去核及打浆　将杨梅果肉切成 $0.3cm \times 0.3cm$ 左右的小块，去核后，用打浆机进行粗打浆，收集浆液，然后按照浆汁：水＝1：0.5（质量体积比）的比例加入水，过胶体磨。

(4) 均质　在杨梅浆汁中加入各种配料后均质，均质压力为 25MPa。

(5) 喷雾干燥　助干剂为麦芽糊精，按照浆汁固形物含量：助干剂为1：0.5（质量比）的比例加入麦芽糊精，在入料浓度为 25％、进口温度为 160～165℃、出口温度为 85～90℃、进料量为 15mL/min 的条件下喷雾干燥。

(6) 包装　粉末加工后尽快包装，包装保存期间，应选用阻湿阻氧性好的包装袋，内置干燥剂，并在低温、低湿度环境下保存。

【质量标准】

外观形状：天然红色粉末状；味道：纯天然杨梅香味，无异味。

粒度：100％过 80 目筛；含水量：≤5％；pH 值：6～6.5。

微生物：细菌总数＜1000CFU/g；大肠杆菌不存在；沙门氏菌不存在。

第二十八节　西柚的粉制加工技术

【说明】

西柚，又称葡萄柚，具有酸味和甘味。成熟时果皮一般呈不均匀的橙色或红色，果肉淡红白色。进口西柚的主要产地包括南非、以色列等。目前，市场上常见的葡萄柚有 4 个主要品种：①红宝石西柚，果肉红色，果较大，果皮柔软易剥，有少量种子或者无核，主要产自南非；②马叙葡萄柚，果肉白色，又称无核葡萄柚，是多倍体，品种内也有果肉红色的品系；③邓肯葡萄柚，果肉白色，果较大，果皮较厚，种子较多，果肉略带苦味；④汤姆逊葡萄柚，果肉红色或黄色，果重 400～500g 之间，有少量种子或者无核。

葡萄柚中的维生素 C 含量极其丰富，能促进抗体生成，增强人体的解毒功能。其中的天然叶酸还能预防贫血、降低孕妇生育畸胎的概率。葡萄柚中含有的维生素 P，可以增强皮肤弹性、缩小毛孔。葡萄柚有多种吃法，除了当水果吃，还可榨成汁，拌沙拉和凉菜；做海鲜时加点，能起到去除腥味的作用。葡萄柚中含有纤维素、果胶、钾、维生素 C、叶酸、肌醇、生物类黄酮、柠檬烯等，并是其良好来源。新鲜葡萄柚含热量低，平均每个葡萄柚仅含 82kcal 的热量，是减肥的良好水果之一。西柚含有丰富的果胶成分，可降低低密度脂蛋白的含量，减轻动脉血管壁的损伤，维护血管功能，预防心脏病。西柚是少有的富含钾而几乎不含钠的水果，因此是高血压、心脏病及肾脏病患者的最佳食疗水果。

纯天然红西柚粉由纯天然红西柚汁以喷干法制成粉末而成。采用的生产工艺能最大限度地保持红西柚的色泽、风味和纤维质，其产品有更好的膨润性，可溶性强，营养价值高，健康美味，食用方便，可用于食品配料进行加工，替代传统的香精和色素。

【原料与设备】

加工用的西柚为新鲜成熟的西柚。主要加工设备有带式榨汁机、振动筛、阿贝折射仪、均质机、喷雾干燥机、激光粒度测定仪、电子显微镜和水分测定仪等。

【工艺流程】

优质原料→去皮→切块→榨汁→脱苦→过滤→干燥→灭菌→检验→包装→成品

【操作要点】

（1）原料的选择与预处理　选取新鲜、充分成熟、无霉烂、无病虫危害的西柚为加工原料，将西柚涂抹一层盐，刷洗干净。用锋利小刀在果面划线若干，以不伤果实囊瓣为度，然后手工剥尽果皮；把除去外皮的西柚剥出孢囊，放入沸水锅热烫 1.5min，钝化酶，防止褐变和果胶水解。

（2）榨汁　将上述预处理好的西柚再切成小块放入榨汁机中榨汁，使果肉细胞内和细胞间的汁液流出。由于所得浆液中颗粒仍然较粗，不利于进一步干燥加工，因此，需要通过胶体磨进一步处理以得到颗粒更加均匀细致的料液，再用 100 目筛过滤。

（3）吸附脱苦　采用大孔吸附树脂 R6 对鲜榨西柚原汁进行脱苦，以摇床模拟笼式接触脱苦，在摇床转速 120r/min，pH 值为西柚汁自然 pH 值（4.0±0.5），树脂添加量为 4%，吸附时间 47min，吸附温度 30℃的条件下脱除西柚原汁中的柚皮苷，脱苦后鲜榨西柚汁口感上已无明显苦味。

（4）调配与溶解过滤　脱苦后的西柚汁加入 25%（g/g）麦芽糊精作为助干剂，充分溶解混合均匀后纱布过滤备用。

（5）喷雾干燥　对调配后的脱苦西柚原汁进行喷雾干燥，迅速收集喷雾干燥后的脱苦西柚果汁干粉，密封保存。干燥工艺为：麦芽糊精添加量 25%，进风温度 190℃，出风温度 80℃，离心泵转速 60r/min，流量泵流速 10mL/min。

（6）灭菌与包装　脱苦西柚果汁干粉采用紫外线进行灭菌，再采用高阻湿阻氧包装袋进行定量独立包装。

【质量标准】

外观：粉末疏松、无结块，无肉眼可见杂质；颜色：具有该产品固有的色泽，且均匀一致；气味：天然西柚味。

溶解度：≥90%；粒度：100%过 80 目筛；水分：≤6%。

菌落总数：<1000CFU/g；沙门氏菌：无；大肠杆菌：无。

第二十九节　荔枝的粉制加工技术

【说明】

荔枝（学名：*Litchi chinensis* Sonn.）属无患子科，果皮有鳞斑状突起，颜色鲜红或紫红。成熟时种子全部被肉质假种皮包裹，果肉呈半透明凝脂状，味香美，但不耐储藏。分布于中国的西南部、南部和东南部，广东和福建南部栽培最盛。亚洲东南部也有栽培，非洲、美洲和大洋洲有引种的记录。荔枝与香蕉、菠萝、龙眼一同号称"南国四大果品"。荔枝主要栽培品种有三月红、圆枝、黑叶、淮枝、桂味、糯米糍、元红、兰竹、陈紫、挂绿、水晶球、妃子笑、白糖罂等十三种。其中桂味、糯米糍是上佳的品种，亦是鲜食之选，挂绿更是珍贵难求的品种，"萝岗桂味""毕村糯米糍"及"增城挂绿"有"荔枝三杰"之称。荔枝味甘、酸，性温，入心、脾、肝经，可止呃逆，止腹泻，是顽固性呃逆及五更泻者的食疗佳品，同时有补脑健身、开胃益脾、促进食欲之功效。因性热，多食易上火。

荔枝营养丰富，含葡萄糖、蔗糖、蛋白质、脂肪以及维生素 A、B 族维生素、维生素 C 等，并含精氨酸、色氨酸等各种营养素，对人体健康十分有益。荔枝具有健脾生津、理气止痛之功效，适用于身体虚弱、病后津液不足、胃寒疼痛、疝气疼痛等症。现代研究发现，荔枝有营养脑细胞的作用，可改善失眠、健忘、多梦等症，并能促进皮肤新陈代谢，延缓衰老。然而，过量食用荔枝或某些特殊体质的人食用荔枝，均可能发生意外。荔枝含有丰富的糖分，有补充能量、增强营养的作用。荔枝富含维生素 C 和蛋白质，有增强机体免疫功能、提高抗病能力的作用。

荔枝粉以优质的荔枝为原料，采用目前较为先进的喷雾干燥技术加工而成，最大限度地保持了荔枝本身的原味，含有多种维生素。其产品呈粉状，流动性好，口感佳，易溶解，易保存。

【原料与设备】

加工用的荔枝为新鲜成熟的荔枝。主要加工设备有组织捣碎机、振动筛、阿贝折射仪、均质机、喷雾干燥机、激光粒度测定仪、电子显微镜和水分测定仪等。

【工艺流程】

荔枝→清洗→去壳、去核→护色→打浆→浓缩→加添加剂→均质→喷雾干燥→装袋

【操作要点】

(1) 护色 将荔枝果肉浸入 pH3.0、浓度 1.0mmol/L 的谷胱甘肽溶液中 10min，捞出再经 90℃热烫 30 s。

(2) 打浆 将经过护色处理的荔枝果肉用组织捣碎机打浆，浆液用 4 层纱布挤压过滤 2 次。

(3) 浓缩 将过滤好的荔枝浆真空浓缩至固形物达所要求的浓度 (2kg 荔枝原汁浓缩至 20mL)。

(4) 均质 在浓缩好的荔枝浆中加入占固形物质量 2.5% 的卵磷脂、0.5% 的 CMC-Na (羧甲基纤维素钠) 及适量助干剂，然后在 25MPa 压力下均质。

(5) 喷雾干燥 将均质好的荔枝浆进行喷雾干燥，进风温度 170℃，入料流量 7mL/min，入料质量分数 25%。

【质量标准】

外观：粉末疏松、无结块，无肉眼可见杂质；颜色：具有该产品固有的色泽，且均匀一致；气味：天然荔枝味。

溶解度：≥98%；粒度：100% 过 80 目筛；水分：≤6%。

菌落总数：<1000CFU/g；沙门氏菌：无；大肠杆菌：无。

第三十节 黄桃的粉制加工技术

【说明】

黄桃又称黄肉桃，属于蔷薇科桃属，因肉为黄色而得名。较知名的黄桃有嘉善黄桃、武台黄桃、安徽砀山黄桃、桂东黄桃、炎陵黄桃、潼南黄桃、大连黄桃、荣成黄桃、上海光明黄桃。常吃可起到通便、降血糖血脂、抗自由基、祛除黑斑、延缓衰老、提高免疫力等作用，也能促进食欲，堪称保健水果、养生之桃。黄桃的营养十分丰富，含有丰富的抗氧化剂 (α-胡萝卜素、β-胡萝卜素、番茄黄素、番茄红素及维生素 C 等)、膳食纤维 (果肉中含有大量人体所需的果胶和纤维素，可起到协助消化吸收等作用)、铁钙及多种微量元素 (硒、锌等含量明显高于其他水果，是果中之王)。黄桃食时软中带硬，甜多酸少，有香气，水

分中等,成熟糖度 14～15°。

由于黄桃极不耐储藏,除加工成罐头外,出口较为困难。冷冻黄桃的加工成本较低,国外市场用途广泛(可根据市场需求重新加工成罐头、桃汁、桃酱,也可直接用于甜点或冰点),因此备受外商的欢迎。黄桃粉以优质的黄桃为原料,采用目前较为先进的喷雾干燥技术加工而成,最大限度地保持了黄桃本身的原味,含有多种维生素和酸类物质。黄桃粉呈粉状,流动性好,口感佳,易溶解,易保存,且香味纯正,原汁原味,颜色天然,速溶性好,不分层,不添加防腐剂、香精、色素。

【原料与设备】

加工用的黄桃为新鲜的黄桃。主要加工设备有带式榨汁机、胶体磨、振动筛、阿贝折射仪、均质机、喷雾干燥机、激光粒度测定仪、电子显微镜和水分测定仪等。

【工艺流程】

```
                                        蜂蜜  调配←助干剂
                                            ↘ ↓
黄桃→分选→清洗→去皮、切分、去核→打浆→胶磨→过滤→混合→均质
                                    黄桃粉←喷雾干燥←┛
```

【操作要点】

(1) 黄桃的选择及处理 选用新鲜、肉质饱满、汁多、香味浓郁、外表无损伤、八九成熟的黄桃作为原料,清洗去皮后,将其切分并去核,再切成小块放入榨汁机中榨汁,使果肉细胞内和细胞间的汁液流出。由于所得浆液中颗粒仍然较粗,不利于进一步干燥加工,因此,需要通过胶体磨进一步处理,以得到颗粒更加均匀细致的料液,再用 100 目筛过滤。

(2) 混合调配 利用阿贝折射仪测定黄桃浆的固形物含量,按照一定的固形物含量比值,将黄桃浆与蜂蜜混合。称取一定量的助干剂,将其溶解后加入到黄桃浆与蜂蜜的混合液中,加入蒸馏水调节固形物浓度。

(3) 均质 为减少蜂蜜黄桃液中维生素 C 含量的损失,均质条件选择10MPa,均质 10min。

(4) 喷雾干燥 采用 SY-6000 小型喷雾干燥仪,在进风温度 150℃、进料量30mL/min、压缩空气流量 800L/h 的条件下进行喷雾干燥。

【质量标准】

外观:粉末疏松、无结块,无肉眼可见杂质;颜色:具有该产品固有的色泽,且均匀一致;气味:天然黄桃味。

溶解度:≥90%;粒度:100%过 80 目筛;水分:≤6%。

菌落总数:<1000CFU/g;沙门氏菌:无;大肠杆菌:无。

第三十一节　无花果的粉制加工技术

【说明】

　　无花果（*Ficus carica* Linn.）是一种开花植物，隶属于桑科榕属，主要生长于热带和温带地区，属亚热带落叶小乔木。无花果目前已知约有八百个品种，绝大部分都是常绿品种，只有长于温带地区的才是落叶品种。果实呈球根状，尾部有一小孔，花粉由黄蜂传播。无花果除鲜食、药用外，还可加工成干果、果脯、果酱、果汁、果茶、果酒、饮料、罐头等。无花果干无任何化学添加剂，味道浓厚、甘甜。无花果汁、饮料具有独特的清香味，生津止渴，老幼皆宜。无花果具有健胃清肠，消肿解毒，可治肠炎、痢疾、便秘、痔疮、喉痛、痈疮疥癣等症，利咽喉，以及开胃驱虫等功效。一般人群均可食用，消化不良者、食欲不振者、高血脂患者、高血压患者、冠心病患者、动脉硬化患者、癌症患者、便秘者适宜食用；脂肪肝患者、脑血管意外患者、腹泻者、正常血钾性周期性麻痹等患者不适宜食用；大便溏薄者不宜生食。

　　无花果粉是选用6~7成熟新鲜的无花果，通过原料处理、压榨取汁、过滤、澄清、浓缩、喷雾干燥、冷却、包装等步骤制作的一种粉末。

【原料与设备】

　　加工用的无花果为新鲜的无花果。主要加工设备有带式榨汁机、胶体磨、振动筛、阿贝折射仪、均质机、喷雾干燥机、激光粒度测定仪、电子显微镜和水分测定仪等。

【工艺流程】

　　无花果→分选→清洗→去皮、切分→打浆→胶磨→过滤→加助干剂混合
　　　　　　无花果粉←喷雾干燥←均质←┘

【操作要点】

　　（1）原料选择　选用6~7成熟新鲜的无花果或无花果干。

　　（2）原料处理及压榨取汁　将原料洗涤干净，按1kg水加1kg果实，或1kg果干加5kg水的比例加料，放入不锈钢锅内，加热至85~90℃，保持20~30min，然后停止加热，静置24h，压榨取汁。

　　（3）过滤、澄清　用筛滤机进行过滤，然后进行自然澄清或加酶澄清。

　　（4）浓缩　可采用常压浓缩和真空浓缩。常压浓缩，在不锈钢双层锅内浓缩，加热，蒸气压力为0.25MPa。浓缩过程注意搅拌，以加速水分蒸发，防止焦化，使固形物含量达到28%，每次浓缩投料不宜过多，时间以40min为宜。真空浓缩，在减压、较低温度下浓缩，加热，蒸气压为0.15MPa，温度为50℃。

　　（5）喷雾干燥　用高压喷雾设备对无花果浓缩汁进行喷雾干燥，进料温度为

50～60℃，高压泵工作压力为 18MPa，干燥助剂糊精粉加量 0.5％，进风温度 120℃，出风温度 75～78℃。

（6）冷却、包装　干燥后的无花果粉迅速冷却，然后进行包装、密封。

【质量标准】

外观：粉末疏松、无结块，无肉眼可见杂质；颜色：具有该产品固有的色泽，且均匀一致；气味：天然无花果味。

溶解度：≥90％；粒度：100％过 80 目筛；水分：≤6％。

菌落总数：＜1000CFU/g；沙门氏菌：无；大肠杆菌：无。

第五章 蔬菜的粉制加工技术实例

05 Chapter

蔬菜是人们日常生活中的必需品，特别是新鲜的蔬菜所含营养丰富，能满足人们对各种营养的需求。但有些蔬菜季节性较强，不易贮藏，所以不能满足人们的要求，因此可以利用粉碎技术来弥补这种不足。但常规粉碎的纤维粒度大，影响食品的口感，而使消费者难以接受。对含纤维较高的蔬菜微粒化，能显著地改善食品的口感和吸收性，从而可使食物资源得到充分的利用，而且可丰富食品的营养结构。蔬菜在低温下磨成超微粉，既能保存全部的营养素，纤维素也因微细化而增加了水溶性，口感更佳。

另外，作为调味使用的蔬菜超微粉，其香味和滋味更为浓郁、突出。同时，方便面调味包中的蒜粉、姜粉、胡椒粉、香菇粉、牛肉粉等配料采用超微粉后，其汤质有明显的提高，如再加入一定量的魔芋超微粉，其口感更加浓厚、丰满。以不同蔬菜品种为原料，根据不同需要，按照一定比例开发的一系列适合于儿童、妇女、老年人的保健品，分别用于纠正偏食、补铁、补碘、强身等，可以很有效地获得非药物性治疗效果。这些保健品还可被做成粉状、液状以及适合儿童心理的彩色食用纸、食用玩具等，更能适应市场需求。

第一节 胡萝卜的粉制加工技术

【说明】

胡萝卜（学名：*Daucus carota* L. var. sativa Hoffm.），为野胡萝卜（学名：*Daucus carota* L. var. carota）的变种，本变种与原变种区别在于根肉质，长圆锥形，粗肥，呈红色或黄色。胡萝卜是伞形花科以肉质直根供食用的蔬菜，是春季和冬季的主要蔬菜之一，享有"小人参"的美誉，又名红根、金笋、丁香萝卜，广东一带也叫红萝卜、甘笋，日本则称为人参。原产于中亚细亚、欧洲及非洲北部地区。在我国，胡萝卜的栽培已有六百多年的历史，南北各地均有栽培，特别是我国北方气候冷凉的地区，种植面积很大。胡萝卜来源广、易贮藏、营养价值很高，含有丰富的稳定性及色泽好的红橙色胡萝卜素和糖、钾、钙、磷、铁等营养成分。胡萝卜含有大量的胡萝卜素，这种胡萝卜素的分子结构相当于2个分子的维生素A，进入机体后，在肝脏及小肠黏膜内经过酶的作用，其中50%变成维生素A。维生素A有补肝明目的作用，可治疗夜盲症；维生素A是骨骼正常生长发育的必需物质，有助于细胞增殖与生长，是机体生长的要素，对促进婴幼儿的生长发育具有重要意义；维生素A有助于增强机体的免疫功能，在预防上皮细胞癌变的过程中具有重要作用。胡萝卜中的木质素也能提高机体免疫机制，间接消灭癌细胞。据报告，每100g鲜胡萝卜中含有1.66～2.72g胡萝卜素，为番茄的6倍，为大白菜、芹菜的19倍，其中，β-胡萝卜素是人体不可缺少的维生素A的前体。

我国对胡萝卜的加工利用率不高，加工品种主要是胡萝卜汁。在胡萝卜汁加工中，会产生大量残渣，不仅浪费资源而且会污染环境，而将胡萝卜加工成胡萝卜全粉则可以解决这个问题。胡萝卜制粉不仅对原料的大小、形状没有严格的要求，不会产生残渣而造成环境污染，而且能充分利用原料中的膳食纤维和营养成分，实现原料的全效利用，是一种真正的综合利用（comprehensive utilization，CU）技术，符合当今食品行业"高效、优质、环保"的发展方向。胡萝卜加工成超微粉后，大大拓宽了原料的使用范围，如可以作为配料添加到面食制品、焙烤食品、奶制品、饮料等各种食品中。但是，胡萝卜粉颗粒的大小对其理化性质和适用性影响很大。目前，在农产品的制粉技术中，超微粉碎技术具有非常大的优势。原料经过超微粉碎成为超微颗粒，由于颗粒的超微细化，其表面积和孔隙率显著增加，产品的分散性、溶解性、吸附性、功能性明显增强，容易为人体所消化吸收，而且口感更好。

【原料和设备】

加工用的胡萝卜为新鲜的圆柱形胡萝卜。主要加工设备为电热鼓风恒温干燥箱、行星式球磨机、激光粒度测定仪、电子显微镜和植物粉碎机等。

【工艺流程】

胡萝卜→清洗→去皮→切片→烘干→称重→水分含量测定→调整水分含量→粗粉碎→超微粉碎

【操作要点】

(1) 原料选择与处理　选择无病虫害的新鲜胡萝卜为原料。选择好的胡萝卜经过清洗、去皮后切成2mm厚的薄片，备用。

(2) 烘干　将胡萝卜薄片置于60～65℃的电热鼓风恒温干燥箱内烘干，待水分含量达到3%左右时即可停止。

(3) 粗粉碎　烘干后的胡萝卜片用植物粉碎机进行初步粉碎，颗粒应全部通过 20 目的筛网。

（4）超微粉碎 将粗粉碎的物料以 240r/min 在行星式球磨机中进行粉碎，粉碎时间为 3～3.5h，得到超微粉。

（5）检测 采用激光粒度测定仪和电子显微镜测定粒径大小和分布。

【质量标准】

外观：粉末疏松、无结块，无肉眼可见杂质；颜色：具有该产品固有的色泽，且均匀一致；气味：天然胡萝卜味。

溶解度：≥90%；粒度：100%过 80 目筛；水分：≤6%。

菌落总数：＜1000CFU/g；沙门氏菌：无；大肠杆菌：无。

第二节　紫菜头的粉制加工技术

【说明】

紫菜头，又名根甜菜、甜菜根、红菜头、火焰菜，为甜菜的一个变种，由生长在地中海沿岸的一种名叫海甜菜根的野生植物演变而来。甜菜根作为食物有着悠久的历史，它所含矿物质化合物和植物化合物是甜菜根特有的，这些化合物能抗感染，增加细胞含氧量，治疗血液病、肝病及免疫系统功能紊乱。甜菜根含有对人体非常好的叶酸，叶酸是预防贫血的重要物质之一，并且还有抗癌、防止高血压及阿尔茨海默病的作用。在古代英国的传统医疗方法中，甜菜根是治疗血液疾病的重要药物，被誉为"生命之根"。其根呈紫红色，类似大萝卜，生吃略甜，可生食、熟食，也可加工成罐头，肉质脆嫩，略带甜味，营养价值较高，富含糖分和多种矿物质，并有治吐泻和驱腹内寄生虫的功能，是一种经济效益高、创汇能力强、很有发展前途的蔬菜。紫菜头含有丰富的蛋白质、碳水化合物、维生素 C、胡萝卜素和铁、硫、钾、钙、磷等矿物质，而且还含有甜菜碱，有解毒保肝的作用。中医认为，甜菜根性平微凉，味苦，具有健胃消食、止咳化痰、顺气利尿、消热解毒等功效。现代医学研究表明，甜菜根本身的成分能明显促进与加强体内肠胃的蠕动，间接维护肝脏、胆囊、脾脏及肾脏的健康。

紫菜头粉以优质的紫菜头为原料，采用目前较为先进的喷雾干燥技术加工而成，最大限度地保持了紫菜头本身的原味，含有多种维生素和酸类物质。产品呈粉状，流动性好，口感佳，易溶解，易保存。

【原料与设备】

加工用的紫菜头为新鲜的紫菜头。主要加工设备有胶体磨、薄膜蒸发设备、阿贝折射仪、高压均质机、流变仪、真空干燥箱、喷雾干燥机、蠕动泵、色差计、激光粒度测定仪、电子显微镜和水分测定仪等。

【工艺流程】

                                                        辅料→调配
                                                            ↓
原料→清洗→去皮→破碎、打浆→过滤→真空浓缩→混合→均质→喷雾干燥→冷却→包装

【操作要点】

（1）预处理　选择成熟的紫菜头原料，清洗去皮并切分成小块。

（2）打浆　使用打浆机将破碎后的物料打成浆状备用。

（3）磨浆　用胶体磨将紫菜头浆料进一步胶磨细化，然后通过三层棉质纱布过滤以去除粗纤维。

（4）浓缩　通过薄膜蒸发设备在低温真空条件（50℃、0.01MPa）下将浆料浓缩至所需浓度（以可溶性固形物含量计），浓度通过数显阿贝折射仪自动测定。

（5）调配　将辅料溶于蒸馏水中，再与浆液混合。紫菜头粉辅料配比组合为：麦芽糊精50%，环糊精3%，阿拉伯胶0.5%。

（6）均质　在10MPa条件下均质处理使物料颗粒更加分散。

（7）喷雾干燥　将处理后的物料进行喷雾干燥，制得成品。进风温度149℃，热风流量37.5m³/h，入料速率10r/min。

【质量标准】

外观：粉末疏松、无结块，无肉眼可见杂质；颜色：具有该产品固有的色泽，且均匀一致；气味：天然紫菜头味。

溶解度：≥90%；粒度：100%过80目筛；水分含量：≤6%。

菌落总数：<1000CFU/g；沙门氏菌：无；大肠杆菌：无。

第三节　南瓜的粉制加工技术

【说明】

南瓜［学名：*Cucurbita moschata*（Duch. ex Lam.）Duch. ex Poiret］为葫芦科南瓜属的一个种。南瓜生长健壮，适应性很强，容易管理，在我国南北各地广泛栽培。南瓜具有丰富的营养价值和药用价值，是生产保健食品的良好原料。南瓜多糖是一种非特异性免疫增强剂，能提高机体免疫功能，促进细胞因子生成，可通过活化补体等途径对免疫系统发挥多方面的调节功能。南瓜中丰富的类胡萝卜素在机体内可转化成具有重要生理功能的维生素A，从而对上皮组织的生长分化、维持正常视觉、促进骨骼的发育具有重要生理功能。南瓜中的果胶能调节胃内食物的吸收速率，使糖类吸收减慢，可溶性纤维素能推迟胃内食物的排空，控制饭后血糖上升；果胶还能和体内多余的胆固醇结合在一起，使胆固醇吸收减少，从而使血液中胆固醇浓度下降。南瓜含有丰富的钴，在各类蔬菜中含钴量居首位。钴能活跃人体的新陈代谢，促进造血功能，并参与人体内维生素 B_{12}

的合成，是人体胰岛细胞所必需的微量元素。南瓜中所含的维生素 C 能防止硝酸盐在消化道中转变成致癌物质亚硝酸。南瓜中含有的甘露醇，可减少粪便中毒素对人体的危害。南瓜能消除致癌物质亚硝胺的致突变作用，有防癌功效。南瓜中含有丰富的锌，锌参与人体内核酸、蛋白质合成，是肾上腺皮质激素的固有成分，为人体生长发育的重要物质。南瓜中含有人体所需的多种氨基酸，其中赖氨酸、亮氨酸、异亮氨酸、苯丙氨酸、苏氨酸等含量较高。此外，南瓜中的抗坏血酸氧化酶基因型与烟草中的相同，但活性明显高于烟草，表明在南瓜中免疫活性蛋白的含量较高。随着人民生活水平的不断提高和改善膳食结构欲望的增长，南瓜的开发利用越来越受到人们的关注。为了使南瓜物尽其用，创造更高的经济价值，开展南瓜食品的综合加工，具有重要的意义。

【材料和设备】

进行南瓜的超微粉加工主要应该配备真空冷冻干燥机、气流粉碎机、植物粉碎机、激光粒度仪、电热恒温鼓风干燥箱等设备。南瓜应选择新鲜无病虫的果实。

【工艺流程】

南瓜→挑选→清洗→去皮→切丝→预处理→干制→粉碎→南瓜粉

【操作要点】

（1）原料的挑选　南瓜选用肉厚、色黄、成熟者最佳。

（2）原料预处理　南瓜清洗、去皮、去瓤，切丝后采用 0.1％的亚硫酸盐浸泡护色，并在沸水中热烫 3～6min，使酶失活。

（3）原料水分调整　基料混合粉碎后，测定水分含量，若水分含量低于14％～18％，则要用喷雾加湿器调湿，以达到最佳的膨化效果。调湿后的原料要堆积在一起，进行 3～4h 的均湿，使水分在原料内外渗透均匀。

（4）挤压膨化　调整膨化机的有关参数，使进料速度、螺杆转速、膨化温度等参数在适宜的范围内。

（5）干制　南瓜烫后沥干水分摆放在烤盘上或悬挂在烘房或干制机内进行干制，干燥温度为 55～65℃，干制终点为水分含量达到 5％左右。

（6）粉碎过筛　将上述各种原辅料进行粉碎，粉碎的成品细度要求 100％通过 80 目筛。

（7）灭菌　成品经过小包装后进行微波灭菌，根据具体情况调节控制微波处理时间，以确保杀菌效果。

（8）成品包装　产品经混合调配粉碎后，应送入包装车间，抽样检验，合格后迅速计量包装，先用小袋，每袋装量 30g，包装材料为聚乙烯薄膜，封口后进行微波灭菌。灭菌后冷却至室温，然后装外包装袋，外包装袋要求防潮阻气，采用聚酯（PET）/铝箔/聚乙烯（PE）为材料。

【质量标准】

(1) 感官指标　色泽：淡黄色；组织形态：粉状、干燥松散、无结块；香味：具有南瓜天然芳香味；冲调性：分散均匀，呈糊状；口感：细腻、滑爽、香甜可口。

(2) 理化指标　粒度：100％过80目筛；蛋白质含量14.12％，粗纤维含量7.63％，脂肪含量≥4％，碳水化合物含量≥50％，水分含量≤5％。

(3) 微生物指标　细菌总数≤1000CFU/g，大肠菌群≤30MPN/100g，致病菌不得检出。

第四节　番茄的粉制加工技术

【说明】

番茄，又称西红柿（学名：*Lycopersicon esculentum* Mill.），是茄科番茄属一年生或多年生草本植物，原产于南美洲，中国南北方广泛栽培。番茄的食用部位为多汁的浆果。它的品种极多，按果的形状可分为圆形的、扁圆形的、长圆形的、尖圆形的；按果皮的颜色分，有大红的、粉红的、橙红的和黄色的等。红色番茄，果色火红，一般呈微扁圆球形，脐小，肉厚，味道沙甜，汁多爽口，风味佳，生食、熟食可，还可加工成番茄酱、番茄汁；粉红番茄，果粉红色，近圆球形，脐小，果面光滑，味酸甜适度，品质较佳；黄色番茄，果橘黄色，果大，圆球形，果肉厚，肉质又面又沙，生食味淡，宜熟食。番茄的品质要求：一般以果形周正、无裂口、无虫咬，成熟适度，酸甜适口，肉肥厚，心室小者为宜。宜选择成熟适度的番茄，因其不仅口味好，而且营养价值高。番茄营养丰富，具特殊风味。番茄含有丰富的胡萝卜素、维生素C和B族维生素。每100g番茄的营养成分：能量11kcal，蛋白质0.9g，脂肪0.2g，碳水化合物3.3g，叶酸5.6μg，膳食纤维1.9g，维生素A 63μg，胡萝卜素375μg，硫胺素0.02mg，核黄素0.01mg，烟酸0.49mg，维生素C 14mg，维生素E 0.42mg，钙4mg，磷24mg，钾179mg，钠9.7mg，碘2.5μg，镁12mg，铁0.2mg，锌0.12mg，铜0.04mg，锰0.06mg。番茄中主要的营养就是维生素，其中，最重要、含量最多的就是胡萝卜素中的一种——番茄红素。科学家们对番茄红素健康作用的研究有很多新的突破：番茄红素具有独特的抗氧化能力，能清除人体内导致衰老和疾病的自由基；能预防心血管疾病的发生；可阻止前列腺的癌变进程，并可有效地减少胰腺癌、直肠癌、喉癌、口腔癌、乳腺癌等癌症的发病危险。

番茄的含水量相当高，高达95％左右，很少有其他果蔬具有如此高的含水量，因此，每包装、运输和储藏干重为1kg的番茄，就得包装、运输和贮藏19kg左右的水分。对消费者而言，每购买干重为1kg的番茄，还得承受19kg左右的水所带来的费用。如果把番茄加工成番茄粉，则可以大量节约包装、运输、贮藏和消费成本。尽管番茄浓缩制品如番茄酱已经将 3/4 或 3/4 以上的水分去除掉了，但对于 1kg 干重的番茄来说，它仍然还有 2～3kg 的水分。另外由于番茄浓缩制品固形物含量愈高，其稠度也愈来愈大，因此，愈到后面，通过蒸发来进一步减少水分将非常困难，从而造成热量浪费，产品成本增加。且番茄浆在后面浓缩时，由于其含有纤维素等成分，容易发生焦锅现象，浓缩的时间愈长，其颜色和风味就愈差，严重地影响番茄浓缩制品的质量。另外，高固形物含量的番茄浓缩物在储藏过程中，尤其是在温度较高的地区，容易发生质量变化。如果把番茄加工成番茄粉，就可以大大降低包装和销售费用，从而可以抵消干燥时的生产成本。

另外，番茄由于含水量高，果实皮薄多汁，因此在微生物作用下很容易腐烂变质，不耐储藏，从而使番茄的损耗率增加。据报道，我国地产番茄腐烂率高达50％，如何提高其储藏寿命，降低储存损失，科学家为此绞尽脑汁。如果把它加工成番茄粉，就能够降低微生物生长的概率，能够在室温条件下长期保藏，从而延长产品的供应季节，平衡产销高峰。

随着国内市场和国际贸易需求的迅猛发展，随着人们生活水平的提高，食品工业也开始迅猛发展，食品工业配料市场和调味品市场对番茄粉的需求量与日俱增。高质量的番茄粉可以复水加工成不同浓度的番茄酱、番茄汁、番茄沙司和番茄汤等等，番茄粉还可以作为配料直接用于方便食品、休闲食品和汤料、沙司等预混料，另外，番茄粉还可以作为番茄的替代品用于一些特殊市场。

番茄粉的制取可采用干法制粉或湿法制粉两种工艺。

一、番茄的干法制粉

【材料和设备】

加工用的番茄为新鲜的番茄。主要加工设备有烘箱、粉碎机、激光粒度测定仪、电子显微镜、水分测定仪和真空包装机等。

【工艺流程】

番茄→清洗、挑选、修整→切片→熏硫→烘干→粉碎→包装

【操作要点】

（1）原料及处理 番茄选用成熟、果肉丰满、种子少、肉质致密、汁液少、切开后心室无果汁流出的为好。色泽要求红艳，无绿色的斑疤，着色均匀。果实要求新鲜、无霉烂变质。选好的果实在水中清洗干净，洗毕经挑选和修整后不必去皮，用刀进行切片。切片可横切成 0.5～1cm 的圆片，也可以以果柄为中心，分割成 8 瓣小瓣，不要完全分开，瓣与瓣之间仍然相连。

（2）熏硫 切片或切瓣后的番茄置于盘中，放入熏硫室内进行熏硫处理，每

立方米熏硫室用硫黄 20～25g，放置番茄 12kg，关闭熏硫 20～30min。也可用 0.8%～1% 的亚硫酸氢钠溶液浸渍 3～4min。熏硫处理可以加快干燥速度，保持产品有良好的色泽，增加干制品的保藏性等。

（3）烘干 切片或切瓣后的果实均匀地铺在干燥用的盘上。烘盘最好用不锈钢或铝合金制成，也可用优质无臭的木盘，不可用铁丝制成，否则会由于番茄的酸液流出造成腐蚀。装盘后的番茄装入干燥小车，送入烘房。

（4）包装 番茄干采用聚乙烯袋包装，最好应用马口铁饼干箱，内放小包干燥剂。产品要严防吸潮，通气，否则，营养与色泽易变差。一种较好的方法是充氮或其他惰性气体包装，或用除氧剂包装。

（5）应用 番茄片可磨碎成粉状，也可加入其他的调味料制成汤料。方法是将干燥后的番茄片在干物粉碎机或球磨机中粉碎，用 50 目的筛过筛后即成粉。

二、番茄的湿法制粉

【材料和设备】

加工用的番茄为新鲜的番茄。主要加工设备有胶体磨、薄膜蒸发设备、阿贝折射仪、高压均质机、流变仪、真空干燥箱、喷雾干燥机、蠕动泵、色差计、激光粒度测定仪、电子显微镜和水分测定仪等。

【工艺流程】

番茄→清洗→拣选→热破碎→打浆→真空浓缩→干燥

【操作要点】

（1）原料选择 选用新鲜、成熟、色泽亮红、无病虫害的番茄作为原料。

（2）清洗 除去果实上附着的泥沙、残留农药以及微生物等。

（3）拣选 除去腐烂、有病虫斑或色泽不良的番茄。

（4）热破碎 番茄的破碎方法包括热破碎和冷破碎。热破碎是指将番茄破碎后立即加热到 85℃ 的处理方法。热破碎法可以将番茄浆中的果胶酯酶和多聚半乳糖醛酸酶及时钝化，使果胶物质保留量多，从而使最后所得番茄制品具有较高的稠度。

（5）打浆 打浆的目的是去除番茄的皮与籽。采用双道或三道打浆机进行打浆，第一道打浆机的筛网孔径为 0.8～1.0cm，第二道打浆机的筛网孔径一般为 0.4～0.6cm。打浆机的转速一般为 800～1200r/min。打浆后所得皮渣量一般应控制在 4%～5%。

（6）真空浓缩 浓缩的方法有真空浓缩和常压浓缩。由于常压浓缩时温度高，番茄浆料受热会导致色泽、风味下降，导致产品质量差；而真空浓缩所采用的温度为 50℃ 左右，真空度为 0.09MPa 以上。

（7）番茄浓缩物的干燥 番茄浓缩物的干燥方法很多，主要有冷冻干燥法、膨化干燥法、滚筒干燥法、泡沫层干燥法以及喷雾干燥法等。

① 冷冻干燥法　该法采用低温对番茄浓缩物进行冻结，然后在高真空状态下使水分升华而进行干燥。所得番茄仍然保留它们原有的结构，而不损害它原来的形状和大小。因此，冷冻干燥的颗粒具有多孔结构，保留着原来由水分所占据的空间而没有塌陷，从而有利于产品的迅速复水。但是该法能耗大，而且冷冻干燥设备非常昂贵，从而得到的产品成本高。

② 膨化干燥法　膨化干燥法利用膨化干燥设备来进行番茄浓缩物的干燥。通常需要 2.6mmHg（1mmHg＝133.322Pa）的绝对压力来进行脱水，番茄浓缩物料的温度通常为 60～70℃。为了使最终产品的水分含量达到 3％，干燥时间通常为 90min～5h。在去除真空之前要先把产品冷却下来，以避免产品膨松结构塌陷，这是因为所得的番茄粉是热塑性的。由该法制备的番茄粉结构比较坚硬，体积与浓缩物体积差不多，产品复水性能差。另外，膨化必须在真空条件下进行，成本比较高，从而导致产品的价格比较昂贵。

③ 喷雾干燥法　在喷雾干燥前，应先对番茄浓缩浆料进行均质处理，均质压力一般为 15～20MPa。一般采用塔壁带有冷却夹套（双层塔壁，可以利用空气冷却干燥室内壁的温度）的离心式或二流体式喷雾干燥器来进行干燥。如果加热介质是经过预先除湿的干燥空气，那么干燥时的进风温度一般为 150～160℃，出风温度为 77～85℃，进料浓度一般为 20％～30％。

市场上已经有一些改型的喷雾干燥设备可以用来加工果蔬粉。一些是利用空气作为干燥气体，采用 75～95℃的中等进风温度进行干燥，从而可以提高生产速度；另一些是利用脱水空气作为干燥气体，在较低的进风温度下（25～50℃）进行干燥。但是，所有这些用来干燥番茄的喷雾干燥设备的塔身都非常高，从而在建立工厂时所需的费用增加。

④ 泡沫层干燥法　这种干燥方法的关键主要是在番茄浓缩物中通过添加大豆蛋白、球蛋白、脂肪酸酯、糖脂以及单硬脂酸甘油酯等起泡物质形成稳定的泡沫。通入干燥器内的气体温度大约为 93℃，速度大约为 100～130m/s，以逆流的方式加入。干燥时间取决于产品的特点和所使用的干燥条件，一般干燥时间为 15～18min。

⑤ 滚筒干燥法　滚筒的转速一般为 3.5r/min，蒸气压力为 0.35MPa，滚筒之间的间距为 0.2mm。为了使干燥时产生的水蒸气能被迅速带走，需通入空气，通入的气流与滚筒的旋转方向相反，即逆流通入；同时，应控制物料收集区的空气相对湿度为 15％～20％。但是，这种干燥方法并不能真正达到干燥番茄粉的目的。因为得到的产品水分含量至少为 7％，需要在 20℃条件下继续用气流干燥24h 以上。否则，水分含量为 7％以上的产品在贮藏过程中，其颜色、风味以及营养价值都将严重下降。

（8）番茄粉生产过程中存在的主要问题

番茄在预处理、浓缩、干燥和贮藏时，除物理变化外，同时还会发生一系列的化学变化，从而影响番茄粉的色泽、风味、营养价值、复水率和保存期。因此，在生产过程中应最大限度地保持番茄原有的色泽、风味和营养物质，以生产出保存期限长的产品。另外，选择合理的包装材料、贮藏条件也极为重要。一般，生产番茄粉时存在的一些主要问题如下。

① 由于番茄粉具有热塑性，因此在所使用的高温条件下，番茄粉易粘壁，使产品在干燥时过热，从而影响产品的颜色、风味和营养价值。

② 番茄粉具有很强的吸湿性，容易从空气中吸收水分，使番茄粉含水量增高。番茄粉含水量高时，产品易黏结成团，贮存时微生物和酶的活动增加，非酶褐变反应的速率加快，从而使产品的质量迅速下降。

③ 番茄粉在贮藏时，贮藏条件会严重影响番茄粉的颜色、风味和营养价值的稳定性，因此要选择最佳的贮藏条件，如贮藏的温度、湿度、充入惰性气体等。

④ 番茄粉在贮藏过程中，有可能会产生一种不愉快的风味，而这种风味的产生可能是由于其中的低含量脂肪或番茄红素被氧化所引起的，因此要注意解决因氧化酸败而带来的风味问题。

⑤ 用不同的破碎方法来破碎番茄，得到的番茄浆最后的稠度不同，得到的番茄粉在复水时的效果也不一样。用冷破碎法得到的番茄粉，由于其中的果胶被降解了大部分，因此，复水重制时，效果很不理想，在60s内会发生沉降；而热破碎法得到的番茄粉，复水重制时，可保持匀质状态，不会发生沉降作用。用不同破碎方法所得到的番茄粉，可以用于不同的目的，可生产出不同黏度的番茄粉以满足市场的需要。国外市场上已经存在冷破碎、热破碎和超热破碎法生产出的番茄粉，产品的最终黏度不同，但可以用于不同的加工目的。

⑥ 番茄在加工过程和贮藏过程中，颜色会逐渐变暗，这主要是由于非酶褐变和番茄红素的氧化和异构作用所引起的。因此，如何控制产品的非酶褐变和番茄红素的氧化作用就显得相当重要。

⑦ 番茄的风味可以说是质量中很重要的一环。番茄在浓缩、干燥和贮藏时风味都会有所变化，如何选择合适的浓缩、干燥和贮藏条件是一个很重要的问题。

【质量标准】

外观：粉末疏松、无结块，无肉眼可见杂质；颜色：具有该产品固有的红色，且均匀一致；气味：天然番茄味。

溶解度：≥90%；粒度：100%过80目筛；水分：≤6%。

菌落总数：<1000CFU/g；沙门氏菌：无；大肠杆菌：无。

第五节　紫薯的粉制加工技术

【说明】

紫薯〔*Ipomoea batatas*（L.）Poir.〕旋花科（Convolvulaceae）番薯属植物，又叫黑薯，薯肉呈紫色至深紫色。紫薯为花青素的主要原料之一。紫薯富含蛋白质、淀粉、果胶、纤维素、氨基酸、维生素、花青素及多种矿物质，营养丰富，具特殊保健功能，其中的蛋白质、氨基酸都是极易被人体消化和吸收的。其中，富含的维生素 A 可以改善视力和皮肤的黏膜上皮细胞；维生素 C 可使胶原蛋白正常合成，防止坏血病的发生；花青素是天然强效的自由基清除剂。紫薯除具有普通红薯的营养成分外，还富含硒元素、铁元素和花青素。紫薯中的硒和铁是人体抗疲劳、抗衰老、补血的必要元素，特别是硒被称为"抗癌大王"，易被人体吸收，可留在血清中，修补心肌，增强机体免疫力，清除体内自由基，抑制癌细胞中 DNA 的合成和癌细胞的分裂与生长，预防胃癌、肝癌等癌病的发生。紫薯富含纤维素，可增加粪便体积，促进肠胃蠕动，清理肠腔内滞留的黏液、积气和腐败物，排出粪便中的有毒物质和致癌物质，保持大便畅通，改善消化道环境，防止胃肠道疾病的发生。紫薯还含有多糖、黄酮类物质，具有一定的预防高血压、减轻肝机能障碍、抗癌的功能。紫薯在日本国家蔬菜癌症研究中心公布的抗癌蔬菜中名列榜首。

紫薯可去皮烘干粉碎后加工成粉，色泽美观，营养丰富，是极好的食品加工原料，可作为各种糕点的主料或配料。紫薯从茎尖嫩叶到薯块，均具有一定的保健功能，在国际、国内市场上十分走俏，发展前景非常广阔。紫薯的产季从 9 月开始，供货时间有限。而紫薯全粉克服了紫薯的产季限制，大幅延长了紫薯食品生产企业的生产周期。紫薯粉系选用新鲜优质的紫薯，经去皮、干燥等工艺加工而成的，保留了紫薯除皮以外的全部干物质，富含蛋白质、脂肪、碳水化合物、维生素、矿物质及膳食纤维等。复水后的紫薯粉，其色泽、香气、滋味、口感与新鲜紫薯蒸熟捣泥的状态相同。

紫薯粉可用于速冻行业、烘焙行业和饮料行业。

紫薯粉在速冻行业主要用于汤圆、速冻刀切和速冻馒头。120 目的紫薯粉可以用于汤圆馅料，速冻刀切和速冻馒头的应用主要是在生产的过程中用来代替一部分小麦粉，同时非速冻馒头和刀切也可以加入紫薯粉。200 目的紫薯粉则主要用于制作速冻汤圆的皮，同时也可以作为一种原料添加于紫薯冰激凌中。

紫薯粉在烘焙行业的应用比较广泛，主要用于替代一部分的小麦粉，作为一种原料添加在食品中。120 目紫薯粉的应用在市场上比较常见的有紫薯面包、紫薯土司、紫薯饼干、紫薯无水蛋糕以及紫薯曲奇等。200 目的紫薯粉则可以用于面包表面的喷涂，这样既美观又营养。同时紫薯粉另外一个巨大的用途就是用来制作月饼馅料，无论是广式月饼还是其他月饼都可以用紫薯粉来制作馅料。

饮料行业主要应用的是 200 目的紫薯粉，200 目的紫薯粉可以作为一种原料添加于固体饮料之中，例如紫薯奶茶、紫薯豆奶以及其他粗粮饮料。

按照紫薯粉在制备过程中是否进行蒸煮，将紫薯粉分为天然紫薯全粉和紫薯熟粉。在紫薯制粉过程中不经过蒸煮步骤而得到的紫薯粉称为天然紫薯全粉，它是粉末状产品，保留了紫薯果肉的色泽、风味及营养物质，具有较好的复水性。在紫薯制粉过程中经过蒸煮步骤而得到的紫薯粉称为紫薯熟粉，经过蒸煮过程，部分淀粉转化为糖分，因此熟粉比生粉口感更好，营养更高，色泽更鲜艳，具有熟甘薯的天然香味，用水一冲即可检验。

一、天然紫薯全粉的生产

【材料和设备】

加工用的紫薯为成熟新鲜的紫薯。主要加工设备有蔬菜切片机、烘箱、粉碎机、激光粒度测定仪、电子显微镜、水分测定仪和真空包装机等。

【工艺流程】

原料→清洗→去皮→切片或切丁→护色→干燥→粉碎（测水分）→包装

【操作要点】

（1）清洗　一定要清洗干净，以免影响产品最终的质量。

（2）去皮　用竹刀将紫薯的外皮去净，尤其是紫薯表皮凹陷部分。

（3）切片或切丁　将去皮后的紫薯用蔬菜切片机切成一定规格的薯片或薯丁。

（4）护色　用食盐配制成 0.5% 的溶液，将切好的紫薯薯片或薯丁泡在其中数分钟。

（5）干燥　用烘干设备干燥，以保证产品的卫生，并注意温度，一般在 45～50℃之间，干燥时间可根据薯片或薯丁的大小确定，使最终水分在 6% 以下。

（6）粉碎、包装　将干燥后的紫薯，用锤片式粉碎机粉碎，使紫薯粉的细度在 80 目左右。

【质量标准】

外观：粉末疏松、无结块，无肉眼可见杂质；颜色：具有该产品固有的紫色，且均匀一致；气味：天然紫薯味。

溶解度：≥90%；粒度：100% 过 80 目筛；水分：≤6%。

菌落总数：<1000CFU/g；沙门氏菌：无；大肠杆菌：无。

二、紫薯熟粉的生产

紫薯熟粉是新鲜紫薯经去皮、护色、蒸煮、干燥和破碎后得到的包含除薯皮外全部干物质的粉状产品，不仅能保持紫薯的特有风味和营养成分，且具有良好的再加工性能，可添加到糕点、面食、婴儿食品中，既丰富了食品的色泽，又提高了食品的营养价值。

【材料和设备】

加工用的紫薯为成熟新鲜的紫薯。主要加工设备有烘箱、粉碎机、激光粒度测定仪、电子显微镜、水分测定仪和真空包装机等。

【工艺流程】

原料→清洗→去皮修整→切分→蒸制→沥水冷却→浸钙制泥→干燥→粉碎→筛分→成品

【操作要点】

（1）清洗去皮　将鲜紫薯表皮的污垢冲洗干净，去皮后将薯块用流动水洗净，剔除芽眼及病变部。

（2）切分熟制　将洗好的紫薯切成小块，体积为 $4cm \times 4cm \times 4cm$，在蒸锅中蒸制 8min，待紫薯块充分熟化后取出冷却，冷却沥水后薯丁的中心温度降至 25℃ 以下。

（3）浸钙制泥　称取一定质量的薯块，挤压制成薯泥，加入 $50 \mu g/mg$ 的钙离子溶液，充分混匀。

（4）热风干燥　采用热风干燥，干燥温度控制在 60℃，干燥后物料的水分含量控制在 10％ 以内。

（5）粉碎筛分　将干燥后的紫薯粉碎过筛（80 目），即得到紫薯颗粒全粉样品。

【质量标准】

外观：粉末疏松、无结块，无肉眼可见杂质；颜色：具有该产品固有的鲜艳紫色，且均匀一致；气味：天然熟紫薯味。

溶解度：≥90％；水分：≤6％。

菌落总数：<1000CFU/g；沙门氏菌：无；大肠杆菌：无。

第六节　香菇的粉制加工技术

【说明】

香菇，又名花菇、香蕈、香信、香菌、冬菇、香菰，为侧耳科植物香蕈的子实体。香菇是世界第二大食用菌，也是我国特产之一，在民间素有"山珍"之称。它是一种生长在木材上的真菌，味道鲜美，香气沁人，营养丰富。香菇富含 B 族维生素、铁、钾、维生素 D 原（经日晒后转成维生素 D），味甘，性平，主治食欲减退、少气乏力。香菇素有山珍之王之称，是高蛋白、低脂肪的营养保健食品。中国历代医学家对香菇均有著名论述。随着现代医学和营养学不断深入研究，香菇的药用价值也不断被发掘。香菇中麦角甾醇（又称麦角固醇）含量很高，对防治佝偻病有效；香菇多糖（β-1,3-葡聚糖）能增强细胞免疫能力，从而抑制癌细胞的生长；香菇含有六大酶类的 40 多种酶，可以纠正人体酶缺乏症；香菇中的脂肪所含脂肪酸，对降低人体血脂有益。

目前香菇的加工率很低，且基本上以干制为主，香菇粉的生产一般是将干香菇通过超微粉碎机粉碎，细度一般在 300 目左右，中间要经过鲜香菇干燥、分级、粗粉碎、超微粉碎等过程。香菇精粉，也称香菇营养全粉，它包含了香菇绝大部分的营养成分，其含水量低，颗粒微小，具有保存期长、溶解度好、易被人体消化吸收等优点，可作为食品添加剂和保健食品的配料，也可直接食用。采用喷雾干燥法生产香菇精粉，具有干燥速度快、受热时间短、对营养成分破坏小等优点，且产品流动性大，质地均匀，溶解性能好。然而，香菇富含多糖类物质，而多糖是一种软化点低、吸湿性强的物料，喷雾干燥时容易产生粘壁现象，如在塔顶热分配器附近物料被焦化，或在物料收集器产生吸湿结块现象。因此，采用喷雾干燥法对富含多糖的物料制粉，具有较大的难度。

【材料和设备】

香菇粉制加工应选择鲜香菇。进行香菇的粉制加工主要应该配备离心式喷雾干燥机、组织捣碎匀浆机、胶体磨、均质机、蠕动泵、色差仪、动态颗粒图像分析仪等设备。

【工艺流程】

鲜香菇→清洗→破碎打浆→胶体磨处理→（均质处理）→加热料液→喷雾干燥
　　　　　　　　　　　　　　　产品←包装←收集精粉↵

【操作要点】

（1）原料处理　鲜香菇除杂后用清水洗净，适当破碎，配以适量水，放入组织捣碎机中打浆。移出浆料，放入胶体磨中胶磨 3min。测定所得浆料中干物质含量，处理后的浆料加入一定比例的麦芽糊精，高压均质处理，均质压力为 50MPa，均质时间 10min，处理好的样品用水浴加热至 75℃ 左右，然后进行喷雾干燥。

（2）喷雾干燥　喷雾干燥主要操作条件为：蠕动泵转速 25r/min，进风温度 220℃，雾化器频率 70Hz，料水比（g：mL）为 1：15。干燥结束后，收集精粉，立即密封包装。

【质量标准】

外观：粉末疏松、无结块，无肉眼可见杂质；颜色：具有该产品固有的淡黄色，且均匀一致；气味：天然香菇味，香味浓郁。

溶解度：≥90%；粒度：100% 过 80 目筛；水分：≤6%；灰分含量：约 8%；蛋白质含量：约 31%；多糖含量：约 19%。

菌落总数：<1000CFU/g；沙门氏菌：无；大肠杆菌：无。

第七节　苦瓜的粉制加工技术

苦瓜（学名：*Momordica charantia* L.）为葫芦科苦瓜属植物，一年生攀缘状柔弱草本，多分枝；茎、枝被柔毛。卷须纤细，不分枝。叶柄细长；叶片膜质，上面绿色，背面淡绿色，叶脉掌状。雌雄同株。雄花花梗纤细，被微柔毛；苞片绿色，稍有缘毛；花萼裂片卵状披针形，被白色柔毛；花冠黄色，裂片被柔毛；雄蕊离生。雌花单生，花梗被微柔毛；子房纺锤形，柱头膨大。果实纺锤形或圆柱形，多瘤皱，成熟后橙黄色。种子长圆形，两面有刻纹。花、果期5～10月。苦瓜原产东印度，广泛栽培于世界热带到温带地区。中国南北均普遍栽培。苦瓜果味甘苦，主作蔬菜，也可糖渍；成熟果肉和假种皮也可食用。

苦瓜能泄去心中烦热，排除体内毒素。苦瓜最好的吃法还是凉拌，凉拌能够很好地保留苦瓜中所含有的维生素。如果用清炒的方法，会使这些维生素在清炒过程中大量丢失，而且清炒后油的含量比较高，人们食用后会摄入较多的油脂，不能起到清凉败火的作用。常吃苦瓜能增强皮层活力，使皮肤变得细嫩健美。用鲜苦瓜捣汁或煎汤，对肝火赤目、胃脘痛、湿热痢疾，皆为辅助食疗佳品；取鲜苦瓜捣烂外敷，可治疗痈肿、疖疮；夏天小儿易患痱子，用苦瓜切片擦拭身上的痱子，可早日痊愈；苦瓜煮水或作美食，可散热解暑。蚌肉苦瓜汤是降血糖上品。苦瓜粗提取物含类似胰岛素物质，有明显的降血糖作用。中医认为，苦瓜性味甘苦寒凉，能清热、除烦、止渴；蚌肉甘咸而寒，能清热滋阴、止渴利尿。两者合用，清热滋阴，适用于糖尿病偏于胃阴虚有热者。苦瓜味苦，生则性寒，熟则性温。生食清暑泻火，解热除烦；熟食养血滋肝，润脾补肾，能除邪热、解劳乏、清心明目、益气壮阳。但吃苦瓜也应注意不要损伤脾肺之气。尽管夏天天气炎热，但人们也不可吃太多苦味食物，并且最好搭配辛味的食物（如辣椒、胡椒、葱、蒜），这样可避免苦味入心，有助于补益肺气。

近年来，国内外医学界研究发现，苦瓜中的苦瓜蛋白MAP30能阻止艾滋病毒DNA的合成，苦瓜中还含有类似胰岛素的多肽P，此外苦瓜中的有效成分可抑制正常细胞的癌变和促进突变细胞的恢复，因此，苦瓜具有防治艾滋病、癌症和糖尿病的潜在价值，可见苦瓜有极高的开发和利用价值。如将它加工成苦瓜粉，添加到其他食品中去，一方面可丰富人们的饮食内容，充分发挥其保健功能；另一方面又可为苦瓜的利用开辟一条新的途径。

【材料和设备】

苦瓜应选择绿色的七八成熟新鲜苦瓜，进行苦瓜的粉制加工主要应该配备不锈钢夹层锅（设有搅拌器）、打浆机、胶体磨、均质机、真空浓缩锅、超高温瞬时灭菌机、压力式喷雾干燥器、冷冻干燥机、超微粉碎机等设备。

【工艺流程】

苦瓜→清洗→剖半去籽→切片→护色、预煮→打浆、胶磨

喷雾干燥←浓缩←灭菌←均质←调配←渣浆分离

产品←包装←筛分←集粉←超微粉碎←冷冻干燥←粗渣

【操作要点】

(1) 选瓜　选用新鲜、七八成熟、无病虫害的绿色苦瓜。

(2) 清洗　用清水浸泡 0.5h，然后再用水清洗瓜身，除去黏附在瓜身的残留农药及泥沙。

(3) 剖半去籽　将苦瓜切半去籽、去瓤、去蒂，同时去掉红色已熟透的、腐烂的及遭虫咬的部分。

(4) 切丁　切成长宽厚约 0.5cm 的瓜丁。

(5) 护色、预煮　将破碎后的瓜丁置于 100mg/kg 葡萄糖酸锌溶液中，于 90℃保持 10min 进行护色和预煮，以 Zn^{2+} 取代叶绿素卟啉环中的 Mg^{2+}，使叶绿素呈色稳定。同时，预煮还可起到钝化酶活性、抑制酶促褐变和软化组织的作用。

(6) 打浆及胶磨　将经过护色、预煮的苦瓜丁用打浆机打成粗浆，再立即投入胶体磨中。按苦瓜:水=1:2 的比例加水磨细，磨盘间隙调至 20~50μm。

(7) 渣浆分离　经过胶体磨的浆料采用 80 目浆渣分离机过滤，把粗纤维等物质分离出去。随后再对粗渣进行冷冻干燥、超微粉碎，得到的细粉一同回收到集粉仓。

(8) 调配　将苦瓜浆泵入带有搅拌器的夹层锅中，按料液量的 20%加入异麦芽低聚糖、抗性淀粉，比例为 1:3，再加入适量的水使之充分溶解，搅拌均匀。

(9) 均质　对调配好的混合浆液用 40MPa 的压力在均质机中进行均质，目的是使浆液纤维组织更加细腻和均匀，有利于成品质量及风味的稳定。料液粒度控制在 5μm 以下。

(10) 灭菌　采用超高温瞬时灭菌机进行，灭菌条件：温度为 137~150℃，时间为 2~8s，出料温度冷却到 50℃左右。

(11) 真空浓缩　为保持产品营养成分、有效成分及风味，采用低温真空浓缩，浓缩条件为：45~50℃，真空度为 10~13kPa。以浓缩后浆液固形物含量达到 55%~60%为宜。

(12) 喷雾干燥　采用喷雾干燥器进行干燥，条件为：进风温度 170~180℃，排风温度 80~87℃，干燥后物料含水量≤5%。

(13) 集粉　经过喷雾干燥后的粉，通过制冷风送系统送至集粉仓，集粉仓

采用布袋回收方式将粉回收，用密封式出粉器将粉送到两元振动筛进行筛粉。

（14）筛粉　两元振动筛采用 80 目筛网，筛上粒度大于 80 目的粉收集后送回前处理调配工段（冷热缸），筛下小于 80 目的粉通过斗式提升机送到填充机内。

（15）填充包装　包装机为真空自动包装机，可连续自动完成包装、计量、充填、封合、分切等包装过程，包装规格为小包装，每袋 50g，每 10 个小袋包装为一大袋。

【质量标准】

（1）感官指标　色泽：淡绿色，均匀一致，无杂质；组织形态：粉末状，无结块；滋味及冲调性：滋味清甜、略酸、微苦，冲调性好、速溶，具有苦瓜特有风味。

（2）理化指标　溶解性：易溶于水；粒度：100％过 80 目筛；水分≤4％；铅（以铅计）≤0.5mg/kg；砷（以砷计）≤0.3mg/kg；铜（以铜计）≤2.5mg/kg。

（3）微生物指标　细菌总数≤1000CFU/g，大肠杆菌≤30MPN/100g，致病菌不得检出。

（4）保质期　成品在常温下保质期为 18 个月。

第八节　黄瓜的粉制加工技术

【说明】

黄瓜（学名：*Cucumis sativus* L.）为葫芦科一年生蔓生或攀缘草本植物。茎、枝伸长，有棱沟，被白色的糙硬毛。卷须细。叶柄稍粗糙，有糙硬毛；叶片宽卵状心形，膜质，裂片三角形，有齿。雌雄同株。雄花：常数朵在叶腋簇生；花梗纤细，被微柔毛；花冠黄白色，花冠裂片长圆状披针形。雌花：单生或稀簇生；花梗粗壮，被柔毛；子房粗糙。果实长圆形或圆柱形，熟时黄绿色，表面粗糙。种子小，狭卵形，白色，无边缘，两端近急尖。花果期夏季。中国各地普遍栽培，且许多地区均有温室或塑料大棚栽培；现广泛种植于温带和热带地区。黄瓜为中国各地夏季主要蔬菜之一。茎藤药用，能消炎、祛痰、镇痉。

黄瓜富含蛋白质、糖类、维生素 B_2、维生素 C、维生素 E、胡萝卜素、烟酸、钙、磷、铁等营养成分。黄瓜中的硅可使头发更顺，指甲更亮更结实。而黄瓜中的硫还有利于刺激头发生长。现代医学研究表明，新鲜黄瓜中含有的黄瓜酶能有效促进机体的新陈代谢，扩张皮肤的毛细血管，促进血液循环，增强皮肤的氧化还原作用，因此黄瓜具有美容的效果。同时，黄瓜含有丰富的维生素，能够为皮肤提供充足的养分，有效对抗皮肤衰老。黄瓜汁对治愈牙龈疾病有益，常吃能使口气更清新。此外黄瓜还可降低体内尿酸水平，对肾脏具有保护作用，与胡萝卜同食可缓解关节炎和痛风疼痛。黄瓜含有细纤维素，这种纤维素能够促进肠道蠕动，帮助体内宿便的排出，有利于"清扫"体内垃圾，常吃有助于预防肾结石。黄瓜含有大量的 B 族维生素和电解质，可补充重要营养素，从而减轻酒后不适，缓解宿醉。另外，黄瓜中所含的丙氨酸、精氨酸和谷氨酰胺对肝脏病人，特别是对酒精性肝硬化患者有一定的辅助治疗作用，可防酒精中毒。黄瓜富含多种维生素，如 B 族维生素、维生素 C 等，需要提醒的是，黄瓜连皮吃，补充维生素的效果更好。黄瓜中的一种激素有利于胰腺分泌胰岛素，可辅助治疗糖尿病。黄瓜中的固醇类成分能降低胆固醇。黄瓜富含的膳食纤维、钾和镁有益于调节血压水平，预防高血压。

黄瓜粉以优质的黄瓜为原料，采用鼓风干燥技术加工而成，最大限度地保持了黄瓜本身的原味，含有多种维生素和酸类物质。产品呈粉状，流动性好，口感佳，易溶解，易保存。

【材料和设备】

黄瓜应选择表面有光泽、水分饱满的新鲜黄瓜，进行黄瓜的粉制加工主要应该配备打浆料理机、胶体磨、均质机、鼓风干燥机、生物倒置电子显微镜及图像采集系统等设备。

【工艺流程】

黄瓜→清洗→切片→热烫→料理机打浆→过滤→胶体磨→二次磨浆→均质→杀菌
成品←研磨←冷却←鼓风干燥↵

【操作要点】

（1）清洗　先将黄瓜浸入消毒液中进行洗涤，然后用清水洗净。消毒液中氯浓度为 200mg/L。

（2）切片　切片的厚度不宜过厚或过薄，过厚会增加打浆功耗，磨损刀片；过薄则容易造成黄瓜组织液的流失，故厚度一般定为 1.5cm。

（3）护色、漂烫　将经过预处理的黄瓜片在 90℃的 300mg/kg HA 护色液中热烫 6min，然后迅速用纯净水将其冷却至室温。

（4）打浆　料理机中倒入 1/3 的 60~70℃清水，水 pH 值调整为 6.8~7.2，将切好的黄瓜片倒入磨浆机中打浆，重复打浆 3~5 次，每次 120s。

（5）过滤　打浆后的粗组织通过离心分离，黄瓜汁用 120 目筛过滤。

（6）均质　将混合料液加热至 70℃左右均质，压力为 20~25MPa。

（7）杀菌　巴氏杀菌，85℃，15min。

（8）鼓风干燥　选定鼓风干燥机的温度为 70℃，既可保证黄瓜粉的色价不会太高，又可缩短干燥时间，降低能耗。干燥到最后的物料水分含量低于 6%。

（9）冷却　将制备的黄瓜粉迅速降温至 4℃密闭冷藏，防止吸湿。

【质量标准】

外观：粉末疏松、无结块，无肉眼可见杂质；颜色：具有该产品固有的色泽，且均匀一致；气味：天然黄瓜味。

溶解度：$\geqslant 100\%$；粒度：100%过100目筛；水分：$\leqslant 6\%$。

菌落总数：$<1000CFU/g$；沙门氏菌：无；大肠杆菌：无。

第九节　冬瓜的粉制加工技术

【说明】

冬瓜 [学名：*Benincasa hispida*（Thunb.）Cogn.]，葫芦科冬瓜属一年生蔓生或架生草本植物，茎被黄褐色硬毛及长柔毛，有棱沟，叶柄粗壮，被粗硬毛和长柔毛，雌雄同株，花单生，果实长圆柱状或近球状，大型，有硬毛和白霜，种子卵形。冬瓜主要分布于亚洲热带、亚热带地区，中国各地区均有栽培。中国云南南部（西双版纳）有野生者，果实较小。澳大利亚东部及马达加斯加也有分布。冬瓜果实除作蔬菜外，也可浸渍为各种糖果；果皮和种子药用，有消炎、利尿、消肿的功效。

冬瓜包括果肉、瓤和籽，含有丰富的蛋白质、碳水化合物、维生素以及矿物质元素等营养成分。不同产地的冬瓜营养成分略有差异，以中国广东产冬瓜为例，每100g鲜冬瓜中含有蛋白质0.3g，碳水化合物1.8g，膳食纤维0.9g，钾65mg，钠0.2mg，磷14mg，镁5mg，铁0.1mg，维生素C 27mg，维生素E 0.02mg，核黄素0.01mg，硫胺素0.01mg，烟酸0.2mg。研究表明，冬瓜维生素中以抗坏血酸、硫胺素、核黄素及烟酸含量较高，具防治癌症效果的维生素B_1，在冬瓜子中含量相当丰富；矿物质元素有钾、钠、钙、铁、锌、铜、磷、硒等8种，其中含钾量显著高于含钠量，属典型的高钾低钠型蔬菜，对需进食低钠盐食物的肾脏病、高血压、浮肿病患者大有益处，其中元素硒还具有抗癌等多种功能；含有除色氨酸外的8种人体必需氨基酸，谷氨酸和天门冬氨酸含量较高，还含有鸟氨酸和γ-氨基丁酸以及儿童特需的组氨酸；冬瓜不含脂肪，膳食纤维含量高达0.8%，营养丰富而且结构合理，营养质量指数计算表明，冬瓜为有益健康的优质食物。

冬瓜是一种很好的耐贮蔬菜，种植成本低，产量高，营养成分丰富，耐贮藏运输，耐热性强，肉质洁白、脆爽多汁，是适于现代化农产品加工的良好原料，冬瓜已经越来越广泛地用于各类新型食品及保健品的加工，这对于一种产量大、价格低的蔬菜不啻为一种增值的好途径。因此，开展冬瓜综合利用技术研究，对于全面提升冬瓜的价值，促进农民增收具有一定的现实意义。

冬瓜粉，是利用种植的冬瓜为原料，采取物理办法经过挑选、去皮、去瓤、切片、打浆、胶磨、均质、杀菌、干燥等工艺制成的，该工艺最大限度地保证了原果中的香气味道和营养成分。冬瓜粉主要用来添加在营养型饮料的生产中，作为补充营养成分的一种原料。根据自身的营养成分特点适量添加，可增加特色蔬菜风味，可用于方便食品、各种风味料理中。

【材原料和设备】

冬瓜要选择瓜型大且端正、皮色墨绿、瓜皮绒毛基本消失、出现蜡质白粉、无病斑和虫害、九成左右成熟的果实。进行冬瓜的粉制加工主要应该配备打浆料理机、胶体磨、均质机、鼓风干燥机、生物倒置电子显微镜及图像采集系统等设备。

【工艺流程】

冬瓜→清洗→去皮、去瓤→切片→热烫→料理机打浆→过滤→胶体磨→二次磨浆→均质
成品←研磨←冷却←鼓风干燥←杀菌←┘

【操作要点】

（1）原料预处理　冬瓜要清洗、去皮、去瓤。

（2）切片　切片的厚度不宜过厚或过薄，过厚会增加打浆功耗，磨损刀片；过薄则容易造成冬瓜组织液的流失，故厚度一般定为 1.5cm。

（3）热烫　将经过预处理的冬瓜片在 60℃ 的纯净水中热烫 10min，然后迅速用纯净水将其冷却至室温。

（4）打浆　料理机中倒入 1/3 的 60～70℃ 清水，水 pH 值调整为 6.8～7.2，将切好的冬瓜片倒入磨浆机中打浆，重复打浆 3～5 次，每次 120s。

（5）过滤　打浆后的粗组织通过离心分离，冬瓜汁用 120 目筛过滤。

（6）均质　将混合料液加热至 70℃ 左右均质，压力为 20～25MPa。

（7）杀菌　巴氏杀菌，85℃，15min。

（8）鼓风干燥　选定鼓风干燥机的温度为 70℃，既可保证冬瓜粉的色价不会太高，又可缩短干燥时间，降低能耗。干燥到最后的物料水分含量低于 6%。

（9）冷却　将制备的冬瓜粉迅速降温至 4℃ 密闭冷藏，防止吸湿。

【质量标准】

外观：粉末疏松、无结块，无肉眼可见杂质；颜色：具有该产品固有的色泽，且均匀一致；气味：天然冬瓜味。

溶解度：≥100%；粒度：100% 过 100 目筛；水分：≤6%。

菌落总数：<1000CFU/g；沙门氏菌：无；大肠杆菌：无。

第十节　白萝卜的粉制加工技术

【说明】

萝卜（学名：*Raphanus sativus* L.）为十字花科萝卜属二年或一年生草本

植物。萝卜的品种多，有白、红、青三类，但以白萝卜最为普遍。白萝卜是十字花科萝卜属莱菔的新鲜根，是一种常见的蔬菜，生食熟食均可，略带辛辣味。根据营养学家分析，白萝卜生命力指数为 5.5555，防病指数为 2.7903。至今种植有千年历史，在饮食和中医食疗领域都有广泛应用。清乾隆庚午年（公元 1750年）编修的《如皋县志》载："萝卜，一名莱菔，有红白二种，四时皆可栽，唯末伏初为善，破甲即可供食，生沙壤者甘而脆，生瘠土者坚而辣。"其色白，属金，入肺，性甘平辛，归肺脾经，具有下气、消食、除疾、润肺、解毒、生津、利尿通便的功效。主治肺痿、肺热、便秘、吐血、气胀、食滞、消化不良、痰多、大小便不通畅等，白萝卜很适合用水煮熟后，喝萝卜水，放点白糖，可以当作饮料饮用，对消化和养胃有很好的作用。

白萝卜的主要成分及功效介绍如下：

① 白萝卜中含有丰富的维生素和微量元素，可以增加人体的免疫力；咳嗽有痰的多吃白萝卜有止咳化痰的作用。

② 白萝卜中含有的芥子油及粗纤维可以促进人体的胃肠蠕动，有助于消化，增加食欲。

③ 白萝卜中含有的淀粉酶可以分解食物中的淀粉，帮助人体吸收营养物质。

白萝卜粉可采用纯天然低温烘焙法制备，该生产工艺是将白萝卜片经沸盐水浸烫后，用低温烘焙设备烘焙加工成为熟干白萝卜片，再将熟干白萝卜片杀菌处理后通过粉碎机器研磨即得白萝卜粉。这种方法得到的白萝卜粉是不含任何添加剂的纯天然绿色保健食品，可保持白萝卜的原味、营养成分及良好的色泽，中和了白萝卜的寒性药性，粉粒呈微观多孔结构，具有良好的复水性，可直接用开水冲调长期食用，也可作为食品、饮料、中药的配料使用。熟干白萝卜片杀菌后也可供直接食用、销售。

【材原料和设备】

白萝卜要选择根茎圆整，表皮光滑，大小均匀，无开裂、分叉、抽薹现象，根部呈直条状的。进行白萝卜的粉制加工主要应该配备脱水机、低温烘焙设备、粉碎机、筛分机等设备。

【工艺流程】

白萝卜→清洗→去皮→切片→热烫→脱水→烘焙→杀菌→粉碎→过筛→成品

【操作要点】

（1）原料预处理　白萝卜要清洗、去皮。

（2）切片　切片的厚度不宜过厚或过薄，厚度一般定为 1cm。

（3）热烫　将切好的白萝卜片用≥95℃的沸盐水浸烫。

（4）脱水　将浸烫后的白萝卜片捞出来用脱水机脱去表面的水。

（5）烘焙　将脱水后的白萝卜片用低温烘焙设备于 50～60℃（恒温）真空烘焙加工成为熟干白萝卜片。

（6）杀菌　将熟干白萝卜片进行杀菌处理。

（7）粉碎　将杀菌处理后的熟干白萝卜片通过粉碎机器研磨成粉。

（8）过筛　将白萝卜粉过 100 目筛即得到白萝卜粉成品。

【质量标准】

外观：粉末疏松、无结块，无肉眼可见杂质；颜色：具有该产品固有的色泽，且均匀一致；气味：天然白萝卜味。

溶解度：≥100%；粒度：100%过 100 目筛；水分：≤6%。

菌落总数：<1000CFU/g；沙门氏菌：无；大肠杆菌：无。

第十一节　西蓝花的粉制加工技术

【说明】

西蓝花（*Brassica oleracea* L. var. botrytis L.）又名绿菜花、青花菜，属十字花科芸薹属甘蓝变种，一年生或二年生草本植物，原产于欧洲地中海沿岸的意大利一带，光绪年间传入中国。目前我国南北方均有栽培，已成为日常主要蔬菜之一，是我国出口创汇的主要蔬菜种类之一。西蓝花因其含有丰富的蛋白质、脂肪、膳食纤维、胡萝卜素、维生素 C 和维生素 A 等多种营养成分，而深受消费者的喜爱。据分析，每 100g 新鲜西蓝花的花球中，含蛋白质 3.6g，是花椰菜的 3 倍、番茄的 4 倍。此外，维生素 A 含量比白菜高 100 多倍。西蓝花中矿物质成分也很全面，钙、磷、铁、钾、锌、锰等含量都很丰富，比同属于十字花科的花椰菜高出很多。西蓝花营养丰富，营养成分位居同类蔬菜之首，被誉为"蔬菜皇冠"。20 世纪 90 年代，西蓝花种植面积开始逐渐扩大，尤其是在经济相对发达的沿海地带，形成了以出口为主的西蓝花产地，主要种植区分布在福建、浙江、江苏、山东、河北等地。

西蓝花性凉、味甘；可补肾填精、健脑壮骨、补脾和胃；主治久病体虚、肢体痿软、耳鸣健忘、脾胃虚弱、小儿发育迟缓等病症。美国营养学家号召人们在秋季多食用西蓝花，因为这时的西蓝花花茎中营养含量最高。西蓝花对杀死可导致胃癌的幽门螺杆菌具有神奇功效。西蓝花是含有类黄酮最多的食物之一，类黄酮除了可以防治感染，还是最好的血管清理剂，能够阻止胆固醇氧化，防止血小板凝结，因而可减少患心脏病与中风的危险。有些人皮肤一旦受到小小的碰撞和伤害就会变得青一块紫一块的，这是因为体内缺乏维生素 K，补充的最佳途径就是多吃西蓝花。

目前，西蓝花以新鲜销售为主，主要是内销，有部分用于真空干燥出口，基本形成了种植和加工的规模。随着种植产量的不断上涨，西蓝花的深加工问题亟待解决。西蓝花蔬菜粉的开发是西蓝花深加工的一种新形式，主要通过真空冷冻干燥（或真空干燥和热风干燥）并经超微粉碎或喷雾干燥加工而成，颗粒可以达到微米级。由于颗粒的超微细化，所以赋予了西蓝花蔬菜粉独特的优点，即：首先可以达到长期保藏的目的，减少了因腐烂造成的损失，能大大降低贮藏、运输、包装等方面的费用；其次，西蓝花粉具有保存和食用方便、可调性强及营养丰富等特点。西蓝花粉保持了原有西蓝花的营养风味，被用作配料加工成其他食品，成为一种良好的营养深加工产品。

一、不同干燥方式加超微粉碎制取西蓝花粉

【材原料和设备】

加工用的西蓝花选用菜株颜色浓绿鲜亮、花球表面无凹凸、花蕾紧密结实、手感较沉重、无病虫伤残，以及成熟度、大小基本一致的西蓝花。主要加工设备有烘箱、冷冻干燥机、粉碎机、激光粒度测定仪、电子显微镜、水分测定仪和真空包装机等。

【工艺流程】

新鲜原料→分选→盐水浸泡→切分→漂烫→沥水→打浆→均质→干燥→超微粉碎→成品

【操作要点】

（1）浸泡　将颜色浓绿鲜亮、无病虫伤残的菜株在 30g/L 的盐水中浸泡 3～5min。

（2）切割　经过浸泡的西蓝花，用刀将茎花分离，再切割花球，要求花球高度在 10～12mm，花球宽度和厚度在 10～12mm 之间。对分离出来的主茎，选择切面淡绿色的、无木质纤维肥嫩的部分，切割成 6mm×6mm×6mm 的小块。

（3）消毒、清洗、打浆、均质、过滤　再用质量分数 0.03% 的次氯酸钠溶液消毒 5min，用清水清洗，打浆均质，过滤。

（4）干燥　可采用如下不同干燥方式：①将预处理好的西蓝花置于 70℃ 的鼓风干燥箱中恒温干燥 5h；②将预处理好的西蓝花置于 65℃、0.09MPa 的真空干燥箱中干燥 7h；③将预处理好的西蓝花于 −30～−35℃ 条件下预冻 3h，然后置于真空冷冻干燥箱中，在真空度 6.8～8.0Pa、冷凝温度 −50℃ 以下的条件下干燥 22h。

（5）粉碎　将西蓝花干燥至水分含量 8%～10% 后，立即用气引式粉碎机粉碎 1min，得到的西蓝花超微粉过标准筛，用 PE 包装袋包装，室温条件下避光贮藏备用。

【质量标准】

外观：粉末疏松、无结块，无肉眼可见杂质；颜色：具有该产品固有的深绿

色，且均匀一致；气味：香气较为爽净，较接近西蓝花固有的独特香味。

溶解度：≥100％；粒度：100％过100目筛；水分：≤6％。

菌落总数：＜1000CFU/g；沙门氏菌：无；大肠杆菌：无。

二、喷雾干燥法制取西蓝花粉

【材原料和设备】

加工用的西蓝花选用菜株颜色浓绿鲜亮、花球表面无凹凸、花蕾紧密结实、手感较沉重、无病虫伤残，以及成熟度、大小基本一致的西蓝花。主要加工设备有胶体磨、薄膜蒸发设备、阿贝折射仪、高压均质机、流变仪、真空干燥箱、喷雾干燥机、真空包装机、蠕动泵、色差计、激光粒度测定仪、电子显微镜和水分测定仪等。

【工艺流程】

新鲜原料→分选→盐水浸泡→切分→漂烫→沥水→打浆→均质和过滤→喷雾干燥→成品

【操作要点】

（1）浸泡 将颜色浓绿鲜亮、无病虫伤残的菜株在30g/L的盐水中浸泡3～5min。

（2）切割 经过浸泡的西蓝花，用刀将茎花分离，再切割花球，要求花球高度在10～12mm，花球宽度和厚度在10～12mm之间。对分离出来的主茎，选择切面淡绿色的、无木质纤维肥嫩的部分，切割成6mm×6mm×6mm的小块。

（3）消毒、清洗、打浆、均质、过滤 再用质量分数0.03％的次氯酸钠溶液消毒5min，用清水清洗，打浆过滤，均质。

（4）喷雾干燥 麦芽糊精添加量为固形物含量的20％，进料流量10mL/min，进风速度45m/s，进风温度150℃。

（5）包装 利用真空包装机包装备用。

【质量标准】

外观：粉末疏松、干爽、细腻、无结块，无肉眼可见杂质；颜色：具有该产品固有的鲜绿色，且均匀一致；气味：除西蓝花特有的香味外，还有细微的焦香味。

规格：80～150目；水分：≤6％。

菌落总数：＜1000CFU/g；沙门氏菌：无；大肠杆菌：无。

第十二节 花椰菜的粉制加工技术

【说明】

花椰菜（*Brassica oleracea* L. var. botrytis L.），又称花菜、菜花或椰菜花，

为十字花科芸薹属一年生植物。原产于地中海东部海岸，约在 19 世纪初清光绪年间引进中国。花椰菜是一种很受人们欢迎的蔬菜，味道鲜美，营养也很高，还有很高的药用价值。其维生素 C 含量非常丰富，还具有抗癌功效，平均营养价值及防病作用远远超出其他蔬菜。

花椰菜性平，味甘，可强肾壮骨、健脾养胃，适用于久病虚损、腰膝酸软和脾胃虚弱者。现代研究表明，花椰菜是含类黄酮最多的食物之一，而类黄酮具有抗癌作用，长期食用花椰菜可以减少罹患乳腺癌、直肠癌及胃癌等癌症的概率。类黄酮除了可以防止感染，还是最好的血管清理剂，能够阻止胆固醇氧化，防止血小板凝结成块，因而可减少心脏病与中风的危险。而在西蓝花中，此物质含量更高。

【材原料和设备】

加工用的花椰菜选用花球表面无凹凸、花蕾紧密结实、手感较沉重、无病虫伤残，以及成熟度、大小基本一致的花椰菜。主要加工设备有烘箱、冷冻干燥机、粉碎机、激光粒度测定仪、电子显微镜、水分测定仪和真空包装机等。

【工艺流程】

新鲜原料→分选→盐水浸泡→切分→漂烫→沥水→打浆→均质→干燥→超微粉碎→成品

【操作要点】

（1）浸泡　将无病虫伤残的菜株在 30g/L 的盐水中浸泡 3～5min。

（2）切割　经过浸泡的花椰菜，用刀将茎花分离，再切割花球，要求花球高度在 10～12mm，花球宽度和厚度在 10～12mm 之间。对分离出来的主茎，选择无木质纤维肥嫩的部分，切割成 6mm×6mm×6mm 的小块。

（3）消毒、清洗、打浆、均质、过滤　再用质量分数 0.03％的次氯酸钠溶液消毒 5min，用清水清洗，打浆均质，过滤。

（4）干燥　可采用如下不同干燥方式：①将预处理好的花椰菜置于 70℃的鼓风干燥箱中恒温干燥 5h；②将预处理好的花椰菜置于 65℃、0.09MPa 的真空干燥箱中干燥 7h；③将预处理好的花椰菜于−30～−35℃条件下预冻 3h，然后置于真空冷冻干燥箱中，在真空度 6.8～8.0Pa、冷凝温度−50℃以下的条件下干燥 22h。

（5）粉碎　将花椰菜干燥至水分含量 8％～10％后，立即用气引式粉碎机粉碎 1min，得到的花椰菜超微粉过标准筛，用 PE 包装袋包装，室温条件下避光贮藏备用。

【质量标准】

外观：粉末疏松、无结块，无肉眼可见杂质；颜色：具有该产品固有的白色，且均匀一致；气味：香气较为爽净，较接近花椰菜固有的独特香味。

溶解度：≥100％；粒度：100％过 100 目筛；水分：≤6％。

菌落总数：<1000CFU/g；沙门氏菌：无；大肠杆菌：无。

第十三节 芹菜的粉制加工技术

【说明】

芹菜，属伞形科植物。原产于地中海沿岸的沼泽地带，世界各国已普遍栽培。我国芹菜栽培始于汉代，至今已有 2000 多年的历史。起初仅作为观赏植物种植，后作食用，经过不断地驯化培育，形成了细长叶柄型芹菜栽培种，即本芹（中国芹菜）。本芹在我国各地广泛分布，而河北遵化和玉田县、山东潍县和桓台、河南商丘、内蒙古集宁等地都是芹菜的著名产地。芹菜有水芹、旱芹、西芹三种，功能相近，药用以旱芹为佳。旱芹香气较浓，称"药芹"，但是和香菜不是一个种。芹菜富含蛋白质、糖类、胡萝卜素、B 族维生素、钙、磷、铁、钠等，据现代科学分析，每 100g 芹菜中含有蛋白质 2.2g、脂肪0.3g、糖类 1.9g、钙 160mg、磷 61mg、铁 8.5mg，还含有胡萝卜素和其他多种 B 族维生素。芹菜性味甘凉，具有清胃涤痰、祛风理气、利口齿爽咽喉、清肝明目和降压的功效。此外，芹菜中含有丰富的挥发性芳香油，既能增进食欲、促进血液循环，还能起到醒脑提神的食疗效用。入药用，水煎饮服或捣汁外敷，可辅助治疗早期高血压、高血脂、支气管炎、肺结核、咳嗽、头痛、失眠、经血过多、功能性子宫出血、小便不利、肺胃积热、小儿麻疹、疟腮等症。

芹菜的作用具体介绍如下：

① 镇静安神　从芹菜籽中分离出的一种碱性成分，对动物有镇静作用，对人体能起安定作用；芹菜苷或芹菜素经口摄入能对抗可卡因引起的小鼠兴奋，有利于安定情绪，消除烦躁。

② 利尿消肿　芹菜含有利尿有效成分，可消除体内水钠潴留，利尿消肿。临床上以芹菜水煎有效率达 85.7%，可治疗乳糜尿。

③ 平肝降压　芹菜含酸性的降压成分，对兔、犬静脉注射有明显降压作用；血管灌流可使血管扩张；用主动脉弓灌流法，它能对抗烟碱、山梗茶碱引起的升压反应，并可引起降压。临床对于原发性、妊娠性及更年期高血压均有效。

④ 养血补虚　芹菜含铁量较高。

⑤ 清热解毒　春季气候干燥，人们往往感到口干舌燥、气喘心烦、身体不适，常吃些芹菜有助于清热解毒、去病强身。肝火过旺、皮肤粗糙及经常失眠、头疼的人可适当多吃些。

⑥ 绿色减肥　咀嚼芹菜消耗的热能远大于芹菜给予的能量。

⑦ 防癌抗癌　高浓度时可抑制肠内细菌产生的致癌物质。它还可以减少粪

便在肠内的运转时间，减少致癌物与结肠黏膜的接触，间接达到预防结肠癌的目的。

⑧ 醒酒保胃　芹菜属于高纤维食物，可以加快胃部的消化和排空，芹菜的利尿功能有利于胃部的酒精通过尿液排出体外，以此缓解胃部的压力，起到醒酒保胃的效果。

将芹菜加工成芹菜超微粉，不但可以拓宽芹菜的应用途径，而且还可以实现深加工增值，可大大提高经济效益。

【材原料和设备】

加工用的芹菜选用菜株颜色鲜绿、无病虫伤残的芹菜。主要加工设备有烘箱、冷冻干燥机、喷雾干燥机、胶体磨、高压均质机、高剪切均质机、微型植物粉碎机、阿贝折射仪、真空包装机、蠕动泵、色差计、激光粒度测定仪、电子显微镜和水分测定仪等。

【工艺流程】

（1）芹菜粉干法加工工艺流程

芹菜→挑选→清洗→切段→预煮→热风干燥→分拣→贮存→干法微粉碎→成品

（2）芹菜粉湿法加工工艺流程

芹菜→挑选→清洗→冲洗→切段→护色→预煮→打浆→湿法微粉碎→酶解
成品←喷雾干燥←高剪切均质←调配←┘

【操作要点】

（1）清洗与切段　选择新鲜的芹菜，剔除腐烂及病害芹菜，在氯离子含量为 200mg/kg 的溶液里浸 3min，用自来水洗净表面泥沙，冲洗后切成 2～3cm 小段。

（2）护色　把芹菜段立刻放入含 $CaCl_2$ 0.8% 的护色液中护色处理。

（3）预煮　芹菜预煮温度 95℃，时间 3min 左右。

（4）打浆　将护色后的芹菜段进行打浆（直接打浆：芹菜加 1.2 倍纯净水，用组织粉碎机打浆；蒸煮打浆：把芹菜 12 倍的纯净水加热至沸腾，倒入芹菜段加热 3min，再用组织粉碎机打浆）。

（5）微粉碎　用胶体磨或高剪切均质机进行湿法微粉碎处理，若用胶体磨处理就得到直接打浆或蒸煮打浆的芹菜浆液，浆液基本可通过 40 目筛；若改用高剪切均质机代替胶体磨处理经蒸煮打浆的芹菜浆液，就获得了高剪切均质芹菜浆液，浆液可通过 80 目筛。

（6）酶解　在高剪切均质芹菜浆液中加入 0.02% 的液体果汁酶，在 50℃ 酶解 4h，可以得到酶解芹菜浆液。

（7）调配和均质　按芹菜 620g 加水 1000mL 打浆，接着酶解，酶解液再加入蔗糖 1.92g、海藻糖 0.96g、麦芽糊精 0.96g、柠檬酸 0.01g 和味精 0.05g 等进行调配，可制得具有嗜好性口感的蔬菜粉。湿法生产工艺调配后需高剪切均质处理 1 次。

（8）热风干燥和喷雾干燥　芹菜段热风干燥工艺参数为：65～70℃、7h，水分含量在 6％左右；芹菜浆液在进风温度 220℃、排风温度 85℃、流量约 23mL/min 条件下喷雾干燥，可得到水分含量约为 3％的速溶芹菜粉产品。

【质量标准】

外观：粉末疏松、干爽、细腻、无结块，无肉眼可见杂质；颜色：具有该产品固有的鲜绿色，且均匀一致；气味：芹菜特有的香味。

规格：80～150 目；水分：≤6％。

菌落总数：＜1000CFU/g；沙门氏菌：无；大肠杆菌：无。

第十四节　菠菜的粉制加工技术

【说明】

菠菜（*Spinacia oleracea* L.）又名波斯菜、赤根菜、鹦鹉菜等，属藜科菠菜属一年生草本植物。植物高可达 1m，根圆锥状，带红色，较少为白色，叶戟形至卵形，鲜绿色，全缘或有少数牙齿状裂片。菠菜的种类很多，按种子形态可分为有刺种与无刺种两个变种。菠菜原产伊朗，中国普遍栽培，为极常见的蔬菜之一。菠菜有"营养模范生"之称，它富含类胡萝卜素、维生素 C、维生素 K、矿物质（钙质、铁质等）、辅酶 Q_{10} 等多种营养素。菠菜含有大量的植物粗纤维，具有促进肠道蠕动的作用，利于排便，且能促进胰腺分泌，帮助消化。对于痔疮、慢性胰腺炎、便秘、肛裂等病症有治疗作用。菠菜中所含的胡萝卜素，在人体内转变成维生素 A，能维护正常视力和上皮细胞的健康，增加预防传染病的能力，促进儿童生长发育。其所含铁质，对缺铁性贫血有较好的辅助治疗作用。菠菜中的 α-生育酚、6-羟基蝶啶二酮及微量元素物质，能促进人体新陈代谢，增进身体健康。大量食用菠菜，可降低中风的危险。菠菜提取物具有促进培养细胞增殖的作用，既抗衰老又可增强青春活力。中国民间以菠菜捣烂取汁，每周洗脸数次，连续使用一段时间，可清洁皮肤毛孔，减少皱纹及色素斑，保持皮肤光洁。菠菜的蛋白质含量高于其他蔬菜，且含有相当多的叶绿素，尤其含维生素 K 在叶菜类中最高（多含于根部），能用于鼻出血、肠出血的辅助治疗。菠菜补血之理与其所含丰富的类胡萝卜素、抗坏血酸也有关，两者对身体健康和补血都有重要作用。

菠菜粉以优质的菠菜为原料，采用目前较为先进的喷雾干燥技术加工而成，最大限度地保持了菠菜本身的原味，含有多种维生素和叶绿素等物质。产品呈粉状，流动性好，口感佳，易溶解，易保存。

【材原料和设备】

加工用的菠菜选用菜株颜色鲜绿、无病虫伤残的新鲜菠菜。主要加工设备有烘箱、冷冻干燥机、喷雾干燥机、胶体磨、高压均质机、高剪切均质机、微型植物粉碎机、阿贝折射仪、真空包装机、蠕动泵、色差计、激光粒度测定仪、电子显微镜和水分测定仪等。

【工艺流程】

新鲜菠菜选料→去杂→清洗→漂烫→沥干→打浆→均质→喷雾干燥→包装

【操作要点】

（1）挑选清洗　选用新鲜菠菜，去掉根部和黄叶，把原料表面的泥沙及杂质清除干净，漂烫 3min，将漂烫过的菠菜置于筛网上沥干。

（2）胶磨、均质　将经过预先处理的菠菜用组织捣碎机进行打浆，再进行胶体磨处理，将处理好的菠菜浆液用均质机进行均质处理 2 次（均质压力为 25MPa）。

（3）喷雾干燥　将处理好的浆液进行喷雾干燥，干燥条件为：进口温度 180℃，出口温度 70℃，进料速度 450mL/h，干燥完成后过 80 目筛网。

（4）包装　利用真空包装机包装备用。

【产品质量】

外观：粉粒细小均匀、松散，无结块，无霉变，无肉眼可见的杂质存在；颜色：呈菠菜固有的绿色，无杂色；气味：具有菠菜的天然清香，风味纯正，无异味。

溶解度：≥100%；粒度：100%过 80 目筛；水分：≤6%。

菌落总数：<1000CFU/g；沙门氏菌：无；大肠杆菌：无。

第十五节　莲藕的粉制加工技术

【说明】

莲藕原产于印度，很早便传入中国。莲藕属木兰亚纲山龙眼目。喜温，不耐阴，不宜缺水。藕是莲肥大的地下茎，可作食用。关于莲藕的原产地，人们说法不一，有人说是埃及，亦有人认为原产于中国。主要在沼泽地栽培莲藕，中国湖北盛产莲藕，属于"水八仙"之一。莲藕微甜而脆，可生食也可做菜，而且药用价值相当高，它的根、叶、花须、果实，无不为宝，都可滋补入药。用莲藕制成粉，能消食止泻，开胃清热，滋补养性，预防内出血，是妇孺童妪、体弱多病者上好的流质食品和滋补佳珍。

每 100g 鲜莲藕中含水分 77.9g、蛋白质 1.0g、脂肪 0.1g、碳水化合物 19.8g、热量 84kcal、粗纤维 0.5g、灰分 0.7g、钙 19mg、磷 51mg、铁 0.5mg、

胡萝卜素 0.02mg、硫胺素 0.11mg、核黄素 0.04mg、烟酸 0.4mg、抗坏血酸 25mg。

莲藕的功效如下：

① 清热凉血。莲藕生用性寒，有清热凉血的作用，可用来治疗热性病症；莲藕味甘多液，对热病口渴、衄血、咯血、下血者尤为有益。

② 通便止泻、健脾开胃。莲藕中含有黏液蛋白和膳食纤维，能与人体内胆酸盐、食物中的胆固醇及甘油三酯结合，使其从粪便中排出，从而减少脂质的吸收。莲藕散发出一种独特清香，还含有单宁，有一定的健脾止泻作用，能增进食欲，促进消化，开胃健中，有益于胃纳不佳、食欲不振者恢复健康。

③ 益血生肌。藕的营养价值很高，富含铁、钙等元素，植物蛋白质、维生素以及淀粉含量也很丰富，有明显的补益气血、增强人体免疫力的作用。故中医称其："主补中养神，益气力"。

④ 止血散瘀。藕含有大量的单宁酸，有收缩血管作用，可用来止血。藕还能凉血、散血，中医认为其止血而不留瘀，是热病血症的食疗佳品。

纯藕粉中的蛋白质、脂肪、纤维素及部分矿物质元素，尤其是铁质，含量较其他大多数的淀粉制品（如树薯粉、小麦粉、马铃薯淀粉及玉米淀粉）为高，故莲藕粉不仅延长了莲藕的食用期限，其营养成分也较其他淀粉制品更好。莲藕粉作为传世养生食品，富含微量元素铁 Fe 和维生素 B_{12} 等养血因子，主功效为养血，尤宜女性食用。

一、藕粉的现代化制作工艺

【材原料和设备】

加工用的莲藕选用新鲜的老藕。主要加工设备有清洗设备、粉碎过滤设备、精细过滤设备、除沙器、除泥器、浓缩器、精制旋流设备、气流干燥器、包装设备、色差计、激光粒度测定仪、电子显微镜和水分测定仪等。

【工艺流程】

选择加工用的莲藕→清洗→粉碎→过滤→除沙净化→浓缩精制→脱水→干燥→包装→成品

【操作要点】

（1）原料的选择　为保证出粉率，保证藕粉质量，加工时选用的原料应外形整齐，粗细均匀，色泽正常，个体表面光滑洁净，无明显缺陷，且新鲜成熟。

（2）清洗　清洗的目的主要是为了去除原料表面的泥沙，是藕粉加工时的关键工段，关系到藕粉的纯度和口感。

（3）粉碎与过滤　粉碎的目的就是破坏物料的组织结构，使微小的藕淀粉颗粒能够顺利地从藕中解体分离出来。淀粉提取，也称为浆渣分离或分离，是淀粉加工中的关键环节，直接影响到淀粉提取率和淀粉质量。

（4）除沙净化　主要是为了进一步去除物料中混杂的泥沙。

（5）浓缩精制　针对藕淀粉颗粒性质专业设计，可以对淀粉浆进行浓缩，并可将藕淀粉中的非淀粉成分完全分离出去，从而使最后一级旋流器排出的淀粉乳浓度达到 23°Bé，白度、纯度达标是淀粉洗涤设备的理想选择。

（6）脱水　浓缩后的淀粉浆中仍含有较多的水分，需要进一步将物料中的水分去除，才能进入干燥工段。脱水可以选用三足脱水机，大型厂可以选用刮刀离心机。

（7）干燥　干燥采用气流干燥，气流干燥机利用高速流动的热气流使湿淀粉悬浮在其中，在气流流动过程中进行干燥。具有传热系数高、传热面积大、干燥时间短等特点。

（8）淀粉冷却与过筛包装　淀粉经干燥后，温度较高，为保证淀粉的黏度，需要在干燥后将淀粉迅速降温。采用冷风系统，该设备具有能耗低、降温效果好、运转平稳、处理量大等优点。冷却后的淀粉进入成品筛，在保证产品细度、产量的前提下进入最后一道包装工序。

【产品质量】

外观：粉粒细小均匀、松散，无结块，无霉变，无肉眼可见的杂质存在。颜色：莲藕固有的白色，无杂色；纯藕粉含有大量的铁质和还原糖等成分，与空气接触后极易因氧化而使藕粉的颜色由白转微红。气味：具有独特的清香气味，风味纯正、无异味。

溶解度：≥100％；粒度：100％过 100 目筛；水分：≤6％。

菌落总数：<1000CFU/g；沙门氏菌：无；大肠杆菌：无。

二、藕粉的传统制作工艺

（1）磨浆　将鲜藕洗净，除去藕节，置于打浆机或石臼中捣碎，再加清水用石磨磨成藕浆。

（2）洗浆　将藕浆盛在布袋中，袋下放一个缸或盆，用清水往布袋里冲洗，边冲边搅动袋中藕渣，直到滤出清水时为止。

（3）漂浆　把冲洗出的藕浆用水漂 1～2d，每天搅动一次。待澄清后，去掉浮在水面上的细藕渣，并除去底层的泥沙，然后把中间的粉浆放在另一容器内，用清水调稀再沉淀。如此反复 1～2 次，至藕粉呈白色为止。

（4）沥烤　将经过漂洗、沉淀后的藕粉用一清洁布袋盛好，再用绳吊起，约半天就可沥干（也可将干净的装草木灰的布袋放入其中把水吸干）。水分沥干后，将藕粉取出，掰成 500g 左右的粉团，晾晒 1h 左右，然后用刀将粉团削成薄片；继续烤干或晒干即成藕粉。一般出粉率在 10％左右。

制作藕粉时应注意：取藕以新鲜的老藕为宜，藕浆磨得越细越好，因为磨得越细出粉率越高。

三、藕粉的民间自制流程

食材：粉藕1根，蜂蜜适量，干桂花适量，水。

（1）清洗　将粉藕洗净泥巴后，用刀削去表皮。

（2）打泥　去皮洗净后的粉藕切成块状，放入搅拌机中，加入半碗水，搅打成藕泥（藕泥搅拌的越细腻越好）。

（3）熬煮　打好的藕泥倒出来，放在洗净的锅中，开小火慢慢加热，加热过程中，用铁勺不停地搅拌，加入洗净的桂花，搅拌到藕粉越变越黏稠，直到完全变成半透明色，没有白色粉状，即可关火。可以根据个人口味加入适量蜂蜜调匀。

第十六节　香菜的粉制加工技术

【说明】

香菜又名芫荽、盐荽、胡荽、延荽、漫天星等，英文名 coriander herb，为伞形科芫荽属一年生草本植物。香菜是人们熟悉的提味蔬菜，其状似芹，叶小且嫩，茎纤细，味郁香，是汤、饮、凉拌菜中的佐料，或在烫料、面类菜中提味用，同时具有一定的药用价值。原产于中亚和南欧，或近东和地中海一带，据唐代《博物志》记载，公元前119年由西汉张骞从西域引进中原。现我国东北、河北、山东、安徽、江苏、浙江、江西、湖南、广东、广西、陕西、四川、贵州、云南、西藏等省区均有栽培。

香菜嫩茎和鲜叶有种特殊的香味，常被用作菜肴的点缀、提味之品，是人们喜欢食用的佳蔬之一。香菜性温，味辛，具有发汗透疹、消食下气、醒脾和中之功效，主治麻疹初期透出不畅、食物积滞、胃口不开、脱肛等病症。香菜营养丰富，内含维生素 C、胡萝卜素、维生素 B_1、维生素 B_2 等，同时还含有丰富的矿物质，如钙、铁、磷、镁等，其挥发油含有甘露糖醇、正葵醛、壬醛和芳樟醇等，可开胃醒脾。香菜内还含有苹果酸钾等。香菜中含的维生素 C 的量比普通蔬菜高得多，一般人食用 7~10g 香菜叶就能满足人体对维生素 C 的需求量；香菜中所含的胡萝卜素要比番茄、菜豆、黄瓜等高出 10 倍多。香菜中含有许多挥发油，其特殊的香气就是挥发油散发出来的。香菜能祛除肉类的腥膻味，因此在一些菜肴中加些香菜，能起到祛腥膻、增味道的独特功效。香菜提取液具有显著的发汗、清热、透疹的功能，其特殊香味能刺激汗腺分泌，促使机体发汗、透疹。

香菜经粉制加工得到的香菜粉易保存运输，易分散，入味效果好，可广泛应用于各类肉制品、火锅料、方便面、调味品、香精香料等。

一、干法制备香菜粉

【材原料和设备】

加工用的香菜选用菜株颜色鲜绿、无病虫伤残的新鲜香菜。主要加工设备有烘箱、冷冻干燥机、微型植物粉碎机、阿贝折射仪、真空包装机、蠕动泵、色差计、激光粒度测定仪、电子显微镜和水分测定仪等。

【工艺流程】

新鲜香菜选料→去杂→清洗→沥干→干燥→粉碎→过筛→包装

【操作要点】

（1）预处理　选用新鲜香菜，去掉根部和黄叶，把原料表面的泥沙及杂质清除干净。

（2）干燥　将经过预先处理的香菜干燥，自然风干或用烘箱干燥。

（3）粉碎　将干燥香菜放进粉碎机进行粉碎，过 100 目筛网。

（4）包装　利用真空包装机包装备用。

二、湿法制备香菜粉

【材原料和设备】

加工用的香菜选用菜株颜色鲜绿、无病虫伤残的新鲜香菜。主要加工设备有喷雾干燥机、组织捣碎机、胶体磨、高压均质机、高剪切均质机、阿贝折射仪、真空包装机、蠕动泵、色差计、激光粒度测定仪、电子显微镜和水分测定仪等。

【工艺流程】

新鲜香菜选料→去杂→清洗→漂烫→沥干→打浆→均质→喷雾干燥→包装

【操作要点】

（1）预处理　选用新鲜香菜，去掉根部和黄叶，把原料表面的泥沙及杂质清除干净，漂烫 3min，将漂烫过的香菜置于筛网上沥干。

（2）打浆　将经过预先处理的香菜用组织捣碎机进行打浆，再进行胶体磨处理，将处理好的香菜浆液用均质机进行均质处理 2 次（均质压力为 25MPa）。

（3）干燥　将处理好的浆液进行喷雾干燥，干燥条件为：进口温度 180℃，出口温度 70℃，进料速度 450mL/h。干燥完成后过 100 目筛网。

（4）包装　利用真空包装机包装备用。

【产品质量】

外观：粉粒细小均匀、松散，无结块，无霉变，无肉眼可见的杂质存在；颜色：香菜固有的绿色，无杂色；气味：具有香菜的天然清香，风味纯正，无异味。

溶解度：≥100%；粒度：100%过100目筛；水分：≤6%。

菌落总数：＜1000CFU/g；沙门氏菌：无；大肠杆菌：无。

第十七节　芦笋的粉制加工技术

【说明】

芦笋（学名：*Asparagus officinalis*）又名石刁柏、青芦笋，为天门冬科天门冬属草本植物。嫩苗可供食用。芦笋是一个春天的蔬菜，为多年生开花植物。未出土的呈白色称为白笋，出土后呈绿色称为绿笋。即使生产地域不同，不管是哪个芦笋品种，只要照到阳光就会变成绿笋，埋在土中或遮蔽阳光，就会让芦笋色泽偏白。

目前中国是芦笋的最大生产国，2010年产量6960357吨，远远领先于其他国家（第二秘鲁335209吨，第三德国92404吨）。中国芦笋相对集中的产地分布在江苏徐州、山东菏泽等地。另外，崇明岛也有分布。北方旱田里生长的芦笋品质要优于南方水田里生长的芦笋。旱田里水分少，芦笋生长周期长，茎体含水量少，口感佳。水田里生长的芦笋吸收水分多，生长快。

芦笋是世界十大名菜之一，在国际市场上享有"蔬菜之王"的美称。芦笋因其供食用的嫩茎，形似芦苇的嫩芽和竹笋而得名，中国有很多人习惯将石刁柏称为芦笋。芦笋枝叶呈须状，所以北京人称其为"龙须菜""猪尾巴""蚂蚁杆""狼尾巴根"；中国东北、华北等地均有野生芦笋，东北人称之为"药鸡豆子"；甘肃人称之为"假天麻""猪尾巴""假天门冬"；等等。

芦笋嫩茎中含有丰富的蛋白质、维生素、矿物质和人体所需的微量元素等，另外芦笋中含有特有的天门冬酰胺，对心血管疾病、水肿、膀胱炎、白血病均有疗效，也有抗癌的效果，因此长期食用芦笋可益脾胃，对人体许多疾病有很好的治疗效果。药用效果概括为：1　2　3＋1（即一减，二抗，三降，一壮；英文翻译为LARI）。一减：减肥；二抗：抗肿瘤，抗衰老；三降：降血压，降血脂，降血糖；一壮：壮阳。这些药用效果均得到医学验证，经国家卫生部批准，已经有几种以芦笋为原料的药品用于临床，均为处方药。芦笋也是迄今为止唯一能用于制药的蔬菜种类。

芦笋可食用部分90%。每100g中含能量75kJ，水分93g，蛋白质1.4g，脂肪0.1g，膳食纤维1.9g，碳水化合物3g，胡萝卜素100μg，视黄醇17μg，硫胺素0.04mg，核黄素0.05mg，烟酸0.7mg，维生素C45mg，钾213mg，钠3.1mg，钙10mg，镁10mg，铁1.4mg，锰0.17mg，锌0.4mg，铜0.07mg，磷42mg，硒0.21μg。茎叶中尚含保护血管弹性的芸香苷、槲皮素等物质。芦笋含有丰富的B族维生素、维生素A以及硒、铁、锰、锌等微量元素。芦笋具有人体所必需的各种氨基酸。芦笋含硒量高于一般蔬菜，与含硒丰富的蘑菇接近，甚至可与海鱼、海虾等的含硒量媲美。总之，从白笋、绿笋中氨基酸和锌、铜、铁、锰、硒元素的分析结果可看出，除白笋含天冬氨酸高于绿笋外，其他无论氨基酸还是上述微量元素含量，绿笋均高于白笋。芦笋富含多种氨基酸、蛋白质和维生素，其含量多高于一般水果和蔬菜，特别是芦笋中的天冬酰胺和微量元素硒、钼、铬、锰等，具有调节机体代谢、提高身体免疫力的功效。

芦笋含有美洲菝葜皂苷元（sarsasapogenin）以及石刁柏苷（asparagoside）A、B、C、D、E、F、G、H、I等甾体皂苷，其所含糖部分，苷F、H、I为木糖和葡萄糖，其余的为葡萄糖；还含有 β-谷甾醇、天门冬素（asparagine）、松柏苷（coniferin）等。又含白屈菜酸（chelidonic acid）、天门冬酰胺、天门冬糖、胡萝卜素、精氨酸、黄酮、香豆素、挥发油等。还含8种低聚果糖（fructo-oligosaccharide）。经常食用对心脏病、高血压、心率过速、疲劳症、水肿、膀胱炎、排尿困难等病症有一定的疗效。同时芦笋对心血管疾病、血管硬化、肾炎、胆结石、肝功能障碍和肥胖均有益。营养学家和素食界人士均认为它是健康食品和全面的抗癌食品。用芦笋治膀胱癌、肺癌、肾结石和皮肤癌等有极好的疗效，对其他癌症也有很好的效果。国际癌症病友协会研究认为，芦笋可以使细胞生长正常化，具有防止癌细胞扩散的功能。

速溶芦笋粉是一种改善睡眠、缓解压力的纯天然食品；可用于具有改善睡眠、缓解压力功能的乳制品、茶饮品、保健食品的原料。速溶芦笋粉是以国际上公认的防癌蔬菜——芦笋（干或鲜）为原料，经清洗、粉碎、加水煮制、过滤去渣、离心、膜过滤、浓缩、杀菌、喷雾干燥、包装制成的固体饮料。速溶芦笋粉主要成分：芦笋皂苷，含量≥12.5%（纯粉含量≥30.0%）。速溶芦笋粉含蛋白质24.5%，其中天门冬氨酸、谷氨酸、脯氨酸分别占氨基酸总含量的32.9%、25.0%、10.5%；含脂肪3.0%、总碳水化合物44.4%；含核黄素、硫胺素等6种维生素，钠、钙、钾、镁、铁、锌、铜、锰、硒等矿物质元素；总皂苷含量为15.2%（以菝葜皂苷元计）。人体试食实验表明，速溶芦笋粉有改善睡眠质量的作用。

一、干法制备芦笋粉

【材原料和设备】

加工用的芦笋选用菜株颜色鲜绿、无病虫伤残的新鲜芦笋。主要加工设备有烘箱、冷冻干燥机、微型植物粉碎机、阿贝折射仪、真空包装机、蠕动泵、色差计、激光粒度测定仪、电子显微镜和水分测定仪等。

【工艺流程】

芦笋→选料→清洗→漂烫→烘烤→精细加工→芦笋粉→包装→成品

【操作要点】

(1) 选料　剔除杂物、烂笋，要求原料无病虫害。

(2) 清洗　用缓速流水洗净泥沙污物。

(3) 漂烫　漂烫温度为95℃，漂烫2～3min，并加入0.03%的柠檬酸，对维生素有保护作用。见芦笋呈乳白色并有光泽和透明感时，立即捞出，用自来水漂洗后沥干。

(4) 烘制　在60～70℃温度下烘制7～8h，使产品含水量达到8%效果最佳。

(5) 精制　把烘干后的产品粉碎后过100目筛，即成芦笋粉。

二、湿法制备芦笋粉

【材原料和设备】

加工用的芦笋选用菜株颜色鲜绿、无病虫伤残的新鲜芦笋。主要加工设备有喷雾干燥机、组织捣碎机、胶体磨、高压均质机、高剪切均质机、阿贝折射仪、真空包装机、蠕动泵、色差计、激光粒度测定仪、电子显微镜和水分测定仪等。

【工艺流程】

新鲜芦笋选料→清洗→漂烫→沥干→打浆→均质→喷雾干燥→包装

【操作要点】

(1) 预处理　选用新鲜芦笋，把原料表面的泥沙及杂质清除干净，漂烫3min，将漂烫过的芦笋置于筛网上沥干。

(2) 打浆、胶磨、均质　将经过预先处理的芦笋用组织捣碎机进行打浆，再进行胶体磨处理，将处理好的芦笋浆液用均质机进行均质处理2次（均质压力为25MPa）。

(3) 喷雾干燥　将处理好的浆液进行喷雾干燥，干燥条件为：进口温度180℃，出口温度70℃，进料速度450mL/h。干燥完成后过100目筛网。

(4) 包装　利用真空包装机包装备用。

【产品质量】

外观：粉粒细小均匀、松散，无结块，无霉变，无肉眼可见的杂质存在；颜色：芦笋固有的绿色，无杂色；气味：具有芦笋的天然清香，风味纯正，无异味。

溶解度：≥100%；粒度：100%过100目筛；水分：≤6%。

菌落总数：<1000CFU/g；沙门氏菌：无；大肠杆菌：无。

第十八节　莴笋的粉制加工技术

【说明】

莴笋（学名：*Lactuca sativa* L. var. angustanaIrish.）又称莴苣，菊科莴苣

属莴苣种能形成肉质嫩茎的变种，一二年生草本植物。别名茎用莴苣、莴苣笋、青笋、莴菜。产期1～4月。莴笋原产地在地中海沿岸，大约在五世纪传入中国。地上茎可供食用，茎皮白绿色，茎肉质脆嫩，幼嫩茎翠绿，成熟后转变成白绿色。主要食用肉质嫩茎，可生食、凉拌、炒食、干制或腌渍，嫩叶也可食用。茎、叶中含莴苣素（$C_{11}H_{14}O_4$ 或 $C_{22}H_{36}O_7$），味苦，有镇痛的作用。莴笋的适应性强，可春秋两季或越冬栽培，以春季栽培为主，夏季收获。

莴笋茎可食用部分62%，每100g含能量59kJ、水分95.5g、蛋白质1g、脂肪0.1g、膳食纤维0.6g、碳水化合物2.2g、胡萝卜素150μg、视黄醇25μg、硫胺素0.02mg、核黄素0.02mg、烟酸0.5mg、维生素C 4mg、维生素E 0.19mg、钾212mg、钠36.5mg、钙23mg、镁19mg、铁0.9mg、锰0.19mg、锌0.33mg、铜0.07mg、磷48mg、硒0.54μg。莴笋叶可食用部分89%，每100g含能量75kJ，含维生素C 13mg，明显高于茎部。所以从营养方面考虑，应改变吃莴笋茎不吃叶的习惯。

莴笋的药用价值介绍如下：

（1）开通疏利、消积下气　莴笋味道清新且略带苦味，可刺激消化酶分泌，增进食欲。其乳状浆液，可增强胃液、消化腺的分泌和胆汁的分泌，从而促进各消化器官的功能，对消化功能减弱、消化道中酸性降低和便秘的患者尤其有利。

（2）利尿通乳　莴笋钾含量大大高于钠含量，有利于体内的水电解质平衡，促进排尿和乳汁的分泌。对高血压、水肿、心脏病患者有一定的食疗作用。

（3）强壮机体、防癌抗癌　莴笋含有多种维生素和矿物质，具有调节神经系统功能的作用，其所含有机化合物中富含人体可吸收的铁元素，对缺铁性贫血患者十分有利。莴笋的热水提取物对某些癌细胞有很高的抑制率，故又可用来防癌抗癌。

（4）宽肠通便　莴笋含有大量植物纤维素，能促进肠壁蠕动，通利消化道，帮助大便排泄，可用于治疗各种便秘。

（5）其他　莴笋含有少量的碘元素，对人的基础代谢、心智和体格发育甚至情绪调节都有重大影响。因此莴笋具有镇静作用，经常食用有助于消除紧张，帮助睡眠。不同于一般蔬菜的是它含有非常丰富的氟元素，可参与牙和骨的生长。能改善消化系统和肝脏功能，刺激消化液的分泌，促进食欲，有助于抵御风湿性疾病和痛风。

一、干法制备莴笋粉

【材原料和设备】

加工用的莴笋选用菜株颜色鲜绿、无病虫伤残的新鲜莴笋。主要加工设备有烘箱、冷冻干燥机、微型植物粉碎机、阿贝折射仪、真空包装机、蠕动泵、色差计、激光粒度测定仪、电子显微镜和水分测定仪等。

【工艺流程】

莴笋→选料→清洗→漂烫→烘烤→精细加工→莴笋粉→包装→成品。

【操作要点】

(1) 选料　剔除杂物、烂笋，要求原料无病虫害。

(2) 清洗　用缓速流水洗净泥沙污物。

(3) 漂烫　漂烫温度为95℃，并加入0.03％的柠檬酸，对维生素有保护作用。漂烫2～3min，立即捞出用自来水漂洗后沥干。

(4) 烘制　在60～70℃温度下烘制7～8h，使产品含水量达到8％效果最佳。

(5) 精制　把烘干后的产品粉碎后过100目筛，即成莴笋粉。

二、湿法制备莴笋粉

【材原料和设备】

加工用的莴笋选用菜株颜色鲜绿、无病虫伤残的新鲜莴笋。主要加工设备有喷雾干燥机、组织捣碎机、胶体磨、高压均质机、高剪切均质机、阿贝折射仪、真空包装机、蠕动泵、色差计、激光粒度测定仪、电子显微镜和水分测定仪等。

【工艺流程】

新鲜莴笋选料→清洗→漂烫→沥干→打浆→均质→喷雾干燥→包装

【操作要点】

(1) 预处理　选用新鲜莴笋，把原料表面的泥沙及杂质清除干净，漂烫3min，将漂烫过的莴笋置于筛网上沥干。

(2) 打浆　将经过预先处理的莴笋用组织捣碎机进行打浆，再进行胶体磨处理，将处理好的莴笋浆液用均质机进行均质处理2次（均质压力为25MPa）。

(3) 干燥　将处理好的浆液进行喷雾干燥，干燥条件为：进口温度180℃，出口温度70℃，进料速度450mL/h。干燥完成后过100目筛网。

(4) 包装　利用真空包装机包装备用。

【产品质量】

外观：粉粒细小均匀、松散，无结块，无霉变，无肉眼可见的杂质存在；颜色：莴笋固有的绿色，无杂色；气味：具有莴笋的天然清香，风味纯正，无异味。溶解度：≥100％；粒度：100％过100目筛；水分：≤6％。菌落总数：＜1000CFU/g；沙门氏菌：无；大肠杆菌：无。

第十九节　金针菇的粉制加工技术

【说明】

金针菇（*Flammulina velutipes*）又名冬菇、朴菇、构菌、毛柄金钱菌，因形似金针菜而得名，隶属担子菌亚门（Basidiomycotina），层菌纲（Hymenomy-cetes），伞菌目（Agaricales），口蘑科（Tricholomataceae），金钱菌属（Flammulina）。目前，金针菇既是我国工厂化栽培的第一品种，也是我国大宗的食用菌之一，在世界食用菌生产、消费数量中仅次于香菇、平菇和双孢蘑菇，位于第四位。金针菇盖滑、柄脆、味鲜，含有多种营养功能成分。据上海工业食品研究所测定，每 100g 鲜金针菇中含水量 89.73g、蛋白质 2.72g、脂肪0.13g、灰分 0.83g、糖类 5.45g、粗纤维 1.77g、铁 0.22mg、钙 0.097mg、磷1.48mg、钠 0.22mg、镁 4.31mg、钾 3.7mg、维生素 B_1 0.290mg、维生素 $B_2$0.21mg 和维生素 C 2.27mg。金针菇中氨基酸含量丰富，每 100g 干菇中，18 种氨基酸总量为 20.9g；其中，人体必需的 8 种氨基酸占总氨基酸含量的 44.5％。由于含有能够促进儿童健康生长和智力发育的赖氨酸和精氨酸，国外又称之为"增智菇"。

金针菇多糖（Flammulina velutipes polysaccharides，FVP）是金针菇的主要活性成分之一，动物试验表明：金针菇多糖具有明显的抗炎症、抗疲劳及耐缺氧作用，并能显著提高小鼠腹腔巨噬细胞的吞噬百分率和吞噬指数。近年来，金针菇已引起了食品和医药行业的广泛关注。高营养、多功效特点使金针菇作为一种功能性食品原料添加到食品中，赋予食品更丰富的营养和多种生理功能特性，具有重要的应用价值和开发前景。目前，已有金针菇的粉剂原料加入到汤料、面粉及营养片中的研究报道，即通过添加金针菇功能性基料来赋予普通汤料、面粉及营养片制品新的营养和功能，而金针菇功能基料的添加无论对汤料、面粉及营养片制品的口感、风味、功能，还是对汤料、面粉及营养片的加工特性都有显著的影响。金针菇粉剂的应用改变了传统鲜金针菇用于拌凉菜和涮火锅的消费模式，提高了金针菇的利用率。

【材原料和设备】

加工材料为金针菇。加工设备有超微粉碎机、高速粉碎机、标准检验筛、高速台式离心机等。

【工艺流程】

金针菇→挑选→清洗→干燥→粉碎→筛选→纯化→微粉碎→成品

【操作要点】

（1）预处理　挑选洁净的金针菇，脱水干燥。

（2）粉碎　用高速万能粉碎机干法粉碎 1min，过 60 目筛，得金针菇粗粉。

（3）超微粉碎　在起始温度 25℃条件下，将含水量为 6％的金针菇粗粉放入振动磨超微粉碎机中，超微粉碎 7min，金针菇微粉（过 325 目筛）得率可达69.74％。超微粉碎能显著提高粉体的流动性、持水性、膨胀力和容积密度，并能明显提高金针菇多糖的溶出率。

【产品质量】

外观：粉粒细小均匀、松散，无结块，无霉变，无肉眼可见的杂质存在；颜色：金针菇固有的白色，无杂色；气味：具有金针菇的天然清香，风味纯正，无异味。

溶解度：≥100％；粒度：100％过 325 目筛；水分：≤6％。

菌落总数：＜1000CFU/g；沙门氏菌：无；大肠杆菌：无。

第二十节　魔芋的粉制加工技术

【加工说明】

魔芋（学名：*Amorphophallus konjac*），又作磨芋，中药名蒟蒻（jǔ ruò），为天南星科魔芋属多年生草本植物，中国古代又称妖芋。自古以来魔芋就有"去肠砂"之称。魔芋含淀粉 35％，蛋白质 3％，以及多种维生素和钾、磷、硒等矿物质元素，还含有人类所需要的魔芋多糖，即葡甘露聚糖，高达 30％。魔芋属的一些种类块茎富含魔芋多糖，尤其是白魔芋、花魔芋品种含量高达 50％～65％。魔芋生长在疏林下，是有益的碱性食品，对食用动物性酸性食品过多的人，搭配进食魔芋，可以达到食品酸、碱平衡。此外，魔芋还具有降血糖、降血脂、降血压、散毒、养颜、通脉、减肥、通便、开胃等多种功能。魔芋全株有毒，以块茎为最，不可生吃，需加工后方可食用。中毒后舌、喉灼热、痒痛、肿大。民间用醋加姜汁少许，内服或含漱，可以解救。据《本草纲目》记载，2000多年前祖先就用魔芋来治病。魔芋含有十六种氨基酸、十种矿物质元素和丰富的食物纤维，对防治糖尿病、高血压有特效；魔芋低热、低脂、低糖，对预防和治疗结肠癌、乳腺癌、肥胖症有效，还可以防治多种肠胃消化系统的常见慢性疾病。

魔芋在中国有较广泛的分布，中国有 18 个魔芋品种，具有药用价值的有 5 种：魔芋（*A. rivieri* Durieu）、疏毛魔芋（*A. sinensis* Belval）、南蛇魔芋（*A. dunnii* Tutcher）、东川魔芋（*A. mairei* Levl.）、疣柄魔芋（*A. rirosus*）。具有药理作用的是从魔芋块茎中提取的魔芋多糖（KGM）。由于 KGM 具有吸水性、凝胶性、黏结性、低热可食的特性，在食品加工、日用化学、保健品等领域都有广泛的应用。白魔芋（*Amorphophallus albus*）为分布于我国金沙江干热河谷地带的地区性种。因白魔芋球茎的葡甘露聚糖含量高、加工制品色白、葡甘露聚糖相对分子质量较高而享有盛誉。这种特有资源的开发利用潜力较大。

魔芋微粉是近年来比较成功的一种魔芋精加工制品。而在魔芋食品的加工过程中，通常需要先将魔芋精粉或魔芋微粉进行一定程度的糊化。魔芋精粉或魔芋微粉的糊化速度、程度、能耗等与其加工性能和魔芋食品的品质、稳定性等密切相关。

【材原料和设备】

加工材料选取产于四川凉山的白魔芋为好，也可选择其他地区的白魔芋。加工设备有粉碎机、搅拌反应罐、胶体磨、离心机、双锥式真空干燥设备、微粉磨等。

【工艺流程】

魔芋→挑选→清洗→去皮→切片→干燥→粉碎→筛选→纯化→微粉碎→成品

【操作要点】

（1）原料选择和处理　选取无病虫害、形状整齐一致的魔芋，用清水清洗干净，用切片机切成适宜大小的薄片，备用。

（2）粉碎和筛选　把魔芋薄片用粉碎机进行粉碎，把粉碎后的魔芋粉经过筛选除去 80 目以下细粉，备用。

（3）白魔芋精粉的纯化　用 4 倍体积的 28%～30%乙醇水溶液（含 500mg/kg 乙酸乙酯和 500mg/kg Na_2SO_3）浸泡魔芋粉，浸泡时间为 12～14h。后用胶体磨循环研磨（合理调节磨头间隙，循环水冷却），离心分离，滤渣用 30%～80%（体积分数）的乙醇溶液连续浸洗 4 次，离心甩干，于 80～90℃真空干燥，得到 80～100 目纯化白魔芋精粉。

（4）微粉碎　纯化后的白魔芋粉，利用微粉磨再经过进一步微粉碎及分级处理，得到 120～250 目的白魔芋微粉。

【产品质量】

外观：粉粒细小均匀、松散，无结块，无霉变，无肉眼可见的杂质存在；颜色：魔芋固有的白色，无杂色；气味：允许有魔芋固有的鱼腥气味和酒精气味。

溶解度：≥100%；粒度：100%过 120 目筛；水分：≤6%。

菌落总数：<1000CFU/g；沙门氏菌：无；大肠杆菌：无。

第二十一节　茶树菇的粉制加工技术

【应用说明】

茶树菇是一种珍稀食用菌，天然茶树菇产于油茶老树枯干或树蔸上，资源稀少，十分珍贵。茶树菇含有丰富的蛋白质、多糖和 18 种氨基酸，以及钾、钠、钙等矿物质元素，口感、风味俱佳，并且茶树菇有重要的药用价值，可起到利尿、润胃、健脾、抗癌、降血压的功用。

鲜菇经过干制处理之后，借助热力作用，可将组织中的水分减少到一定的限度，使制品中所含可溶性物质的浓度相对提高，还可尽快降低菌类细胞的酶活性乃至酶失活，从而降低或抑制微生物生长和繁殖，使产品得以较长时间的保存，不至于发生腐烂变质，并有可能保持菌类的良好品质。

茶树菇一般采用烘烤法干制，烘烤技术与干制品质量密切相关。鲜菇采摘后，最好用阳光先晒半天，按大小分开，除去杂物、蒂头，再将茶树菇的菌褶向下排放在烤盘上，送到烤房烘烤。温度由低到高，温度过低会使产品腐烂变色，温度过高会把产品烤焦。一般要求烘烤前将烤房预热到 40～45℃，进料后下降至 30～35℃。晴天采收的菇较干，起始温度可高一点；雨天采收的菇较湿，起始温度应低一点。随着菇的干燥缓慢加温，最后升到 60～65℃，勿超过 75℃。整个烘烤过程，视产品种类与干湿度约需 6～10h。

另外，烘烤过程中要勤翻动检查，随着菇的干缩进行并盘和上下位置调换。烤到菇体含水量 13％以内（菌柄干脆易抖断）时取出密封保藏。该菇易返潮，应放于干燥处保存，这样的干制品，菌盖保持原有特色，菌褶呈淡黄色，香味浓。

茶树菇经过超微粉碎以后，粉体的休止角增大，而流动性越好、表面聚合力越大、吸附性越好，产品质量也越稳定，且混合均匀后不易分层。超微粉体的持水力增大，使微细化的食品具有良好的固香性、流动性、持水性和溶解性，适于生产速溶、方便食品。超微粉体的水溶性蛋白质的溶出度得到了显著提高，可以更好地被人体吸收利用，适于开发生产老年和婴儿食品。

【材原料和设备】

加工材料为新鲜的茶树菇。使用的试剂主要有 $CuSO_4 \cdot 5H_2O$、酒石酸钾钠、氢氧化钠等，所用试剂均为分析纯。使用的主要设备有 DJFSD-70 粉碎磨、台式 AO 型气流粉碎机、数字显示 pH 计、电热恒温鼓风干燥箱、恒温水浴锅、LMS-24 型激光粒度分析仪。

【工艺流程】

鲜茶树菇→清洗→烫漂→烘干→粗粉碎→细粉碎→超微粉碎→成品

【操作要点】

（1）材料选择与处理　选择刚刚采下的新鲜茶树菇，去掉被病虫为害的和受污染的子实体。选择好的子实体用清水清洗去掉表面杂质，然后将其切成均匀的 5mm 左右的菇片。

（2）烫漂、烘干　把切好后的菇片放在沸水中烫漂 2min，捞出均匀地放在盛物网上，然后放入恒温鼓风干燥箱中进行烘干。烘干的初始温度设定为 40℃，以后每隔 1h 升温 10℃，直至干燥到水分少于 9％时停止干燥。

（3）粉碎　干燥好的菇片利用粉碎机先进行粗粉碎，粉碎颗粒在 1mm 以内。粗粉碎后再利用 DJFSD-70 粉碎磨进行细粉碎，粉碎后备用。

（4）超微粉碎　进行常规粉碎后的菇粉，再进行超微粉碎，超微粉碎利用微型气流粉碎机进行。

【产品质量】

外观：粉粒细小均匀、松散，无结块，无霉变，无肉眼可见的杂质存在；颜色：淡黄色至棕黄色；气味：具有茶树菇的天然清香，风味纯正，无异味。

溶解度：≥100％；粒度：100％过100目筛；水分：≤6％。

细菌总数＜1000CFU/g；霉菌总数＜25CFU/g；大肠杆菌＜10MPN/100g。

第二十二节　野生蔬菜的超微粉肠制品加工技术

【说明】

野生蔬菜是纯天然绿色食品，不仅品种繁多，而且产量很高，是人们喜食的主要蔬菜之一。野生蔬菜因无污染、无公害、营养丰富且具有浓郁的芳香风味，不仅受国人的偏爱，在国外也极为畅销。如荬蒿、薇菜、广东菜、蕨菜、猴子腿等都富含多种矿物质元素、维生素及氨基酸。经常食用野生蔬菜不仅能调节人体生理机能，并有健胃、美容、防癌、降压、通脉等作用，尤其能排除人体内和血液中的有害物质，是种植蔬菜所不能替代的，被誉为人体的"除尘器"。

野生蔬菜虽然营养丰富，适合人们食用，但野生蔬菜的季节性比较强，食用季节短，不能满足人们的需要。利用超微粉加工技术生产野生蔬菜的超微粉和其加工品，不仅可延长野生蔬菜的供应期，而且可保持野生蔬菜的天然营养，并且可提高野生蔬菜的消化性、吸收性、保存性，还可增加产品的营养和新颖性。

【材原料和设备】

进行野生蔬菜的超微粉肠制品加工所需的主要材料有：天然没有污染的野生蔬菜、无公害猪肉、无公害羊肉、天然肠衣、玉米淀粉、大豆分离蛋白、食盐、卡拉胶、砂糖、异维生素C钠、三聚磷酸钠等。

主要设备有：鼓风干燥机、行星式球磨机、绞肉机、搅拌机、斩拌机、灌肠机、蒸煮炉、烟熏炉等。

【工艺流程】

山野菜→烘干→粗粉→超微粉
　　　　　　　　　　　　↓
原料肉→清洗→绞碎→拌馅→灌制→预烘与蒸煮→烟熏→冷却→成品

【操作要点】

（1）原料的预处理　将干制后的野生蔬菜放置在恒温干燥箱中，40℃条件下烘干6h，使其充分干燥，然后再经电动磨粗粉碎，细度达到80目，最后再放入行星式球磨机内进行超微粉碎。把精选的猪肉和羊肉清洗干净后，去除明显的肥肉和筋络，然后切成5～6cm左右的小块，在2～4℃的条件下腌制72h，再放入刀具直径2～3cm的绞肉机中绞碎。

把达到一定细度要求的野生蔬菜超微粉用温水（按 1：20 的比例）浸泡 2～2.5h，让其充分吸水，恢复原有的鲜绿色并散发出具有明显特征的香气，保存备用。

（2）拌馅　在淀粉中加入适量的清水，清除浮起和沉于底部的杂质，将淀粉浆倒入瘦肉泥内搅拌均匀，同时把浸泡好的山野菜超微粉、大蒜末、味精、胡椒粉等香辛粉一起倒入馅料内，搅拌均匀。

（3）灌制　把肠衣内外洗净，控去水分，然后将肉馅灌入肠衣内，用棉线扎紧。由于肠衣在加工过程中有 15％的收缩率，因此在切断肠衣时必须留出可能收缩的部分。灌好馅后按规定长度拧好节，并在肠衣上刺孔放气。

（4）预烤与蒸煮　肠的预烤与蒸煮是在蒸煮炉中进行的。烘烤温度为 65～70℃，预烘 60min 可以使肠衣表面干燥柔韧，增加肠衣的坚固性，提高肉的黏着力。蒸煮温度为 85～88℃，时间 25min，肠心温度达到 78℃即可。

（5）烟熏　煮好的肠体出炉，晾至表面温度约 60℃时即可放入烟熏炉中，熏制 10min，即得到成品。

【质量标准】

加工后的肠体表面应呈红褐色，熏烟均匀，无斑点和黑痕，内部结构紧密，肉质鲜嫩，味美适口，无腐臭和其他异味，具有野生蔬菜特有的香气。

含水量在 50％～55％；固形物含量不低于净含量的 68％；亚硝酸盐含量，在 100g 中不超过 2.0～2.5mg。

细菌总数，不得超过 1000CFU/g；大肠杆菌，不得超过 40MPN/100g；致病菌不得检出。

第二十三节　蒲公英的粉制加工技术

【说明】

蒲公英（拉丁学名：*Taraxacum mongolicum* Hand.-Mazz.）别名黄花地丁、婆婆丁、华花郎等，菊科多年生草本植物，是一种野生蔬菜，其营养价值很高，是人们喜食的蔬菜之一。鲜蒲公英富含维生素 A、维生素 C 及钾，也含有铁、钙、维生素 B_2、维生素 B_1、镁、维生素 B_6、叶酸及铜。每 60g 鲜蒲公英叶含水分 86％，蛋白质 1.6g，碳水化合物 5.3g，热量约有 108.8kJ。蒲公英植物体中含有蒲公英醇、蒲公英素、胆碱、有机酸、菊糖等多种健康营养成分。性味甘、微苦，寒，归肝、胃经，有利尿、缓泻、退黄疸、利胆等功效。治热毒、痈肿、疮疡、内痈、目赤肿痛、湿热、黄疸、小便淋沥涩痛、疔疮肿毒、乳痈、瘰疬、牙痛、咽痛、肺痈、肠痈、治急性乳腺炎、淋巴腺炎、急性结膜炎、感冒发热、急性扁桃体炎、急性支气管炎、胃炎、肝炎、胆囊炎、尿路感染等。蒲公英可生吃、炒食、做汤，是药食兼用的植物。蒲公英不仅可作为蔬菜，它更是一种含多种成分的药用植物，蒲公英中含有的主要有效成分为：绿原酸、咖啡酸、β-谷甾醇等，是制作某些药的主要成分。利用传统的方法对这些有效成分进行提取成本很高，同时效果也不明显。利用超微粉碎技术对蒲公英进行粉碎，可以使其组织中的细胞壁被粉碎，细胞经破壁后，胞内有效成分可充分暴露出来，从而提高药物的释放速度和释放量，所以超微粉碎可以在中药成分提取中起重要作用。

【材原料和设备】

加工所用蒲公英为碱地蒲公英和白花蒲公英的全草。加工设备主要有 JGM-T50 型对撞式气流粉碎机、粉碎机、电热恒温鼓风干燥箱、XSZ-CTV 型彩色电视生物显微镜等。

【工艺流程】

　　　蒲公英全草→清洗→晾干→烘干→粗粉碎→细粉碎→超微粉碎→成品

【操作要点】

（1）材料选择与处理　选择刚刚采下的新鲜蒲公英，挑选个体健壮的进行清洗，晒干后在恒温干燥箱中干燥成恒重，备用。

（2）粉碎　干燥好的蒲公英利用粉碎机先进行粗粉碎，粉碎后过 80 目的筛，得蒲公英细粉。

（3）超微粉碎　常规粉碎后的细粉，进行超微粉碎。超微粉碎利用对撞式气流粉碎机进行，对撞式气流粉碎机主要由空气压缩机、空气滤清器、粉碎主机部分组成。粉碎后多为黄棕色小颗粒状物，直径一般为 $5\sim10\mu m$。

【产品质量】

外观：粉粒细小均匀、松散，无结块，无霉变，无肉眼可见的杂质存在；颜色：棕黄色；气味：具有蒲公英的天然清香，风味纯正，无异味。

溶解度：$\geqslant100\%$；粒度：100% 过 100 目筛；水分：$\leqslant6\%$。

细菌总数 $<1000CFU/g$；霉菌总数 $<25CFU/g$；大肠杆菌 $<10MPN/100g$。

第六章 花卉的粉制加工技术实例

第一节 侧柏叶的粉制加工技术

【说明】

侧柏，别名扁柏、香柏、柏树、柏子树等，侧柏叶为柏科植物侧柏［学名：*Platycladus orientalis*（L.）Franco］的嫩枝叶。药材侧柏叶多有分支，小且长短不一，为鳞片状，颜色为红褐色。表面可见叶相互对生，断面黄白色。质地松脆，易被折断。气微香，味苦涩。中药止血药的凉血止血药中的一种，有止血、乌须发、止咳喘的功效。侧柏叶花性苦、涩，微寒。侧柏叶花含有一种特殊的挥发油，油中的主要成分是α-侧柏酮、侧柏烯、小茴香酮等，并且还含有钙、锌、钾、磷等元素，这些对于头发的生长都能起到重要作用。另外侧柏叶还有止咳、平喘、祛痰和镇静的作用，有实验表明，侧柏叶对于白喉杆菌、卡他球菌、金黄色葡萄球菌以及伤寒杆菌都能起到明显的抑制作用。侧柏叶之所以被认为能够治疗脂溢性脱发，是因为中医认为脱发的主要原因是肾虚、血热，而侧柏叶在中药当中被记载具有很好的止血和去湿热的作用，并且对于调节身体血液循环也有一定的帮助，因此侧柏叶花才被认为能够治疗脱发，并且其成本较低，制作起来也很简单。侧柏叶花，夏、秋采收，连枝带花采摘，晾干，置瓮中用宣纸封藏，至盛夏碾作细末，用以煮汤、泡茶，色翠、香远。

【原料和设备】

加工用的侧柏叶为新鲜的侧柏的枝梢和叶，应该选择颜色深绿色或黄绿色的侧柏叶。主要加工设备有电热真空干燥箱、双向旋转球磨机、激光粒度测定仪、电子显微镜和植物粉碎机等。

【工艺流程】

  侧柏叶→烘干→称重→水分含量测定→调整水分含量→超微粉碎

【操作要点】

(1) 原料选择 选择颜色深绿色或黄绿色的侧柏叶为原料，洗净、驱虫，去梗。

(2) 干燥 将处理后的侧柏叶平铺在烤盘内（注意铺层不宜过厚），放入烘箱，用70℃温度烘制24h。经干燥后的侧柏叶的含水率在4.0%以下，干燥品质较佳。

(3) 粉碎 采用双向旋转球磨机对干燥冷却后的侧柏叶进行超细粉碎，以获得最佳粒度的粉体产品。

(4) 检测 采用激光粒度测定仪和电子显微镜测定粒径大小和分布。

【质量标准】

外观：粉末疏松、无结块，无肉眼可见杂质；颜色：深绿色或黄绿色精细粉末，且均匀一致；气味：天然侧柏叶味。

溶解度：≥95%；粒度：100%过80目筛；水分：≤6%。

菌落总数：<1000CFU/g；沙门氏菌：无；大肠杆菌：无。

第二节 桂花的粉制加工技术

【说明】

桂花是木犀科植物的花，也是一种天然药材。中医认为，桂花性温味辛，煎汤、泡茶或浸酒内服，具有健胃、化痰、生津、散痰、平肝的作用，能治痰多咳嗽、肠风血痢、牙痛口臭、食欲不振、经闭腹痛。常食用桂花对养颜美容、护肤也有明显的帮助。桂花本身的香气可以使人舒缓情绪，桂花可以沏成桂花茶，长久饮用，不仅可以起到美白肌肤的作用，还可以使口齿长留余香，回味无穷。桂花茶可以清热消毒，润肠通便，对口腔炎、皮肤干裂、牙周炎、声音沙哑也可以起到一定疗效。

用干桂花作为原料提取桂花中的有效成分，采用纯物理方法无任何添加，可得安全健康的纯天然产品；其特点明亮清透、无沉淀、不冷浑。采用高端的技术和先进的设备可保留原桂花中丰富的营养物质及香气。

【原料和设备】

加工用的桂花为新鲜桂花，应该选择颜色鲜艳、香味浓郁的桂花。主要加工设备为微波干燥箱、双向旋转球磨机、激光粒度测定仪、电子显微镜和植物粉碎机等。

【工艺流程】

  桂花→烘干→称重→水分含量测定→调整水分含量→超微粉碎

【操作要点】

（1）原料选择　选择颜色鲜艳、香味浓郁的鲜桂花为原料。洗净、驱虫，去梗。在桂花盛开期，在花朵呈虎爪形、金黄色、含苞初放时采摘，做到轻采、松放、快运，绝对不可用竹竿敲打，以免花朵破伤而变红。采回的鲜花要及时剔除花梗、树叶等杂物，尽快干制。桂花有金桂、银桂、丹桂、四季桂和月月桂等品种，其中以金桂香味最浓郁持久、品质上乘。

（2）干燥　为了保持桂花的色泽和香味，采用微波干燥法对桂花进行干燥。桂花放入微波干燥箱中，再用中火烤上 5min，拿出等冷却后，再放入微波干燥箱中，再用中火烤上 5min 即可。经微波干燥后的桂花含水率在 4.0% 以下，干燥品质较佳。

（3）粉碎　采用双向旋转球磨机对干燥后的桂花进行超细粉碎，以获得最佳粒度的粉体产品。制备桂花粉体的工艺条件为：装填系数为 0.7，筒体转速为 120r/min，内搅拌器转速为 80r/min，球料比为 10，磨球种类为氧化锆球，研磨时间为 120min。该工艺条件制备的桂花超细粉体的粒度（d_{50}）为 7μm。

（4）检测　采用激光粒度测定仪和电子显微镜测定粒径大小和分布。

【产品质量】

外观：粉粒细小均匀、松散，无结块，无霉变，无肉眼可见的杂质存在；颜色：桂花固有的颜色，无杂色；气味：具有桂花的天然清香，风味纯正，无异味。

溶解度：≥100%；水分：≤6%。

菌落总数：<1000CFU/g；沙门氏菌：无；大肠杆菌：无。

第三节　栀子的粉制加工技术

【说明】

栀子（学名：*Gardenia jasminoides* Ellis）别名黄栀子、山栀、白蟾，是茜草科植物栀子的果实。栀子是传统中药，属卫生部颁布的第 1 批药食两用资源，具有护肝、利胆、降压、镇静、止血、消肿等作用。在中医临床常用于治疗黄疸性肝炎、扭挫伤、高血压、糖尿病等症。含番红花色素苷基，可作黄色染料。

栀子花含有三萜成分。含挥发油，包括乙酸苄酯、乙酸芳樟酯，另含色素苷、木蜜醇等。另外，还含有碳水化合物、蛋白质、粗纤维及多种维生素。在化学层面，栀子含有独特的化学物质——栀子素、栀子苷等，能阻止那些抑制胰岛素生成的酶发挥作用，进而促进胰岛素正常分泌，继而改善糖尿病病情。栀子性苦、寒、无毒，气微，味微酸而苦，入心、肝、肺、胃经。栀子花含黄酮类栀子素、果胶、单宁、藏红花素等，根、叶、花皆可入药，有镇静、降压，抑菌、止泻、镇痛、抗炎，调节平滑肌，加速软组织的愈合等作用，有泻火除烦、消炎祛热、清热利尿、凉血解毒之功效。栀子花含有纤维素，能预防痔疮的发作和直肠癌的发生。栀子果入药，主治热病高热、心烦不眠、实火牙痛、口舌生疮、眼结膜炎、疮疡肿毒、黄疸型传染性肝炎、尿血；外用治外伤出血、扭挫伤。根入药主治传染性肝炎、跌打损伤、风火牙痛。

【原料和设备】

加工用的栀子花为新鲜的栀子花，应该选择颜色鲜艳、香味浓郁的栀子花。主要加工设备为真空冷冻干燥机、电热真空干燥箱、双向旋转球磨机、激光粒度测定仪、电子显微镜和植物粉碎机等。

【工艺流程】

栀子花→烘干→称重→水分含量测定→调整水分含量→超微粉碎

【操作要点】

（1）原料选择　选择颜色鲜艳、香味浓郁的鲜栀子花为原料，洗净、驱虫，去梗。

（2）干燥　为了保持栀子花的色泽和香味，采用真空冷冻干燥对栀子花进行干燥。干燥条件为：预冻时，预冻温度为－20℃，时间为2h；冷凝器温度为－50℃；升华干燥时，干燥箱真空度为10Pa，搁板温度为30℃，时间为10h；解析干燥时，搁板温度为50℃，时间为7h。经真空冷冻干燥后的栀子花含水率在4.0%以下，干燥品质较佳。

（3）粉碎　采用双向旋转球磨机对干燥后的栀子花进行超细粉碎，以获得最佳粒度的粉体产品。制备栀子花粉体的工艺条件为：装填系数为0.7，筒体转速为120r/min，内搅拌器转速为80r/min，球料比为10，磨球种类为氧化锆球，研磨时间为120min。该工艺条件制备的栀子花超细粉体的粒度（d_{50}）为7μm。

（4）检测　采用激光粒度测定仪和电子显微镜测定粒径大小和分布。

【产品质量】

外观：粉粒细小均匀、松散，无结块，无霉变，无肉眼可见的杂质存在；颜色：栀子花固有的颜色，无杂色；气味：具有栀子花的天然清香，风味纯正，无异味。

溶解度：≥100%；水分：≤6%。

菌落总数：<1000CFU/g；沙门氏菌：无；大肠杆菌：无。

第四节　紫罗兰的粉制加工技术

【说明】

紫罗兰，拉丁文学名 *Matthiola incana*(L.)R.Br.，为十字花科紫罗兰属二年生或多年生草本。全株密被灰白色具柄的分枝柔毛。茎直立，多分枝，基部稍木质化。叶片长圆形至倒披针形或匙形。原产于地中海沿岸，中国南部地区广泛栽培，欧洲名花之一。中国大城市中常有栽种，可以栽于庭院或温室中，供观赏。此花与三色堇相似，易混淆。紫罗兰可以消除疲劳、帮助伤口愈合、润喉、治口臭、清热解毒、解宿醉、防治伤风感冒、调气血。可用于排毒养颜、降脂减肥、保养上呼吸道，有助于治疗呼吸系统疾病，缓解伤风感冒症状，祛痰止咳，润肺，消炎。能够保护支气管，特别适合吸烟过多者饮用。

【原料和设备】

加工用的紫罗兰为新鲜的紫罗兰花，应该选择颜色鲜艳、香味浓郁的紫罗兰花。主要加工设备为真空冷冻干燥机、电热真空干燥箱、双向旋转球磨机、激光粒度测定仪、电子显微镜和植物粉碎机等。

【工艺流程】

紫罗兰花→烘干→称重→水分含量测定→调整水分含量→超微粉碎

【操作要点】

(1) 原料选择　选择颜色鲜艳、香味浓郁的鲜紫罗兰花为原料，洗净、驱虫，去梗。

(2) 干燥　为了保持紫罗兰花的色泽和香味，采用真空冷冻干燥对紫罗兰花进行干燥。干燥条件为：预冻时，预冻温度为－20℃，时间为2h；冷凝器温度为－50℃；升华干燥时，干燥箱真空度为10Pa，搁板温度为30℃，时间为10h；解析干燥时，搁板温度为50℃，时间为7h。经真空冷冻干燥后的紫罗兰花含水率在4.0%以下，干燥品质较佳。

(3) 粉碎　采用双向旋转球磨机对干燥后的紫罗兰花进行超细粉碎，以获得最佳粒度的粉体产品。制备紫罗兰粉体的工艺条件为：装填系数为0.7，筒体转速为120r/min，内搅拌器转速为80r/min，球料比为10，磨球种类为氧化锆球，研磨时间为120min。该工艺条件制备的紫罗兰花超细粉体的粒度（d_{50}）为7μm。

(4) 检测　采用激光粒度测定仪和电子显微镜测定粒径大小和分布。

【产品质量】

外观：粉粒细小均匀、松散，无结块，无霉变，无肉眼可见的杂质存在；颜色：紫罗兰花固有的颜色，无杂色；气味：具有紫罗兰花的天然清香，风味纯正，无异味。

溶解度：≥100%；水分：≤6%。

菌落总数：<1000CFU/g；沙门氏菌：无；大肠杆菌：无。

第五节　珠兰的粉制加工技术

【说明】

珠兰，中药名，为金粟兰科植物金粟兰〔*Chloranthus spicatus*（Thunb.）

Makino］的全株或根、叶。分布于福建、广东、四川、贵州、云南。气微，味微苦涩。具有祛风湿、活血止痛、杀虫之功效，用于风湿痹痛、跌打损伤、偏头痛、顽癣。半灌木，直立或稍平卧，高 30～60cm；茎圆柱形，无毛。叶对生，厚纸质，椭圆形或倒卵状椭圆形，长 5～11cm，宽 2.5～5.5cm，顶端急尖或钝，基部楔形，边缘具圆齿状锯齿，齿端有一腺体，腹面深绿色，光亮，背面淡黄绿色，侧脉 6～8 对，两面稍凸起；叶柄长 8～18mm，基部多少合生；托叶微小。穗状花序排列成圆锥花序状，通常顶生，少有腋生；苞片三角形；花小，黄绿色，极芳香；雄蕊 3 枚，药隔合生成一卵状体，上部不整齐 3 裂，中央裂片较大，有时末端又浅 3 裂，有 1 个 2 室的花药，两侧裂片较小，各有 1 个 1 室的花药；子房倒卵形。花期 4～7 月，果期 8～9 月。

珠兰花和根状茎可提取芳香油，鲜花极香，常用于熏茶叶。全株入药，可治风湿疼痛、跌打损伤，根状茎捣烂可治疗疮。有毒，用时宜谨慎。

珠兰鲜花挥发物中，被鉴定了 32 种成分，11 种单萜烯（55.84%），11 种倍半萜烯（3.32%），7 种含氧化合物（35.16%），主要成分为：顺式茉莉酮酸甲酯（33.71%），顺式-β-罗勒烯（32.23%），β-蒎烯（11.57%），反式-β-罗勒烯（4.61%），α-蒎烯（4.48%），γ-榄香烯（1.46%）等。根中含有金粟兰内酯（chloranthalactone）A、金粟兰内酯C、异莪术呋喃二烯（isofuranodiene）和银线草呋喃醇（shizukafu-ranol）。

【原料和设备】

加工用的珠兰为新鲜的珠兰花，应该选择颜色鲜艳、香味浓郁的珠兰花。主要加工设备为真空冷冻干燥机、电热真空干燥箱、双向旋转球磨机、激光粒度测定仪、电子显微镜和植物粉碎机等。

【工艺流程】

珠兰花→烘干→称重→水分含量测定→调整水分含量→超微粉碎

【操作要点】

（1）原料选择　选择颜色鲜艳、香味浓郁的鲜珠兰花为原料，洗净、驱虫，去梗。珠兰花要求清早采摘，采摘标准是花枝生长成熟，花粒饱满丰润，花色黄绿。采时花枝不宜采得过长，一般采下的花枝不超过一节半。鲜花进厂后，人工将花枝剪下，剔去长枝和夹杂物，及时薄摊在竹匾上，使表面水分迅速蒸发。晴朗干燥天气采花，应在花上覆盖湿布或适当喷水，防止鲜花凋萎、花粒脱落及花香散失。

（2）干燥　为了保持珠兰花的色泽和香味，采用真空冷冻干燥对珠兰花进行干燥。干燥条件为：预冻时，预冻温度为 -20℃，时间为 2h；冷凝器温度为 -50℃；升华干燥时，干燥箱真空度为 10Pa，搁板温度为 30℃，时间为 10h；解析干燥时，搁板温度为 50℃，时间为 7h。经真空冷冻干燥后的珠兰花含水率在 4.0% 以下，干燥品质较佳。

（3）粉碎　采用双向旋转球磨机对干燥后的珠兰花进行超细粉碎，以获得最佳粒度的粉体产品。制备珠兰花粉体的工艺条件为：装填系数为 0.7，筒体转速为 120r/min，内搅拌器转速为 80r/min，球料比为 10，磨球种类为氧化锆球，研磨时间为 120min。该工艺条件制备的珠兰花超细粉体的粒度（d_{50}）为 7μm。

（4）检测　采用激光粒度测定仪和电子显微镜测定粒径大小和分布。

【产品质量】

外观：粉粒细小均匀、松散，无结块，无霉变，无肉眼可见的杂质存在；颜色：珠兰花固有的颜色，无杂色；气味：具有珠兰花的天然清香，风味纯正，无异味。

溶解度：≥100%；水分：≤6%。

菌落总数：<1000CFU/g；沙门氏菌：无；大肠杆菌：无。

第六节　荷花的粉制加工技术

【说明】

荷花（*Nelumbo nucifera* Gaertn.）又称莲花，为睡莲科（Nymphaeaceae）莲属多年生水生草本植物，花期为每年的 7～8 月，在我国已有 3000 多年的栽培历史，主要分布在黄河、长江、珠江流域的山东、湖南、湖北、浙江、广东等地，资源丰富，系药食两用植物。已有研究表明荷花中含有丰富的氨基酸和矿物质成分，通过毒理学实验证实荷花是一种安全可靠的食品资源，有很好的加工应用前景。荷花的花瓣多层，呈现螺旋上升的状态，周围有非常多的花蕊。

《本草纲目》中记载，莲花、莲子、莲衣、莲房（又称莲蓬）、莲须、莲子心、荷叶、荷梗、藕节等均可药用。荷花能活血止血、去湿消风、清心凉血、解热解毒。莲子能养心、益肾、补脾、涩肠。莲须能清心、益肾、涩精、止血、解暑除烦、生津止渴。荷叶能清暑利湿、升阳止血，对清洗肠胃、减脂排瘀有奇效。藕节能止血、散瘀、解热毒。荷梗能清热解暑、通气行水、泻火清心。荷叶蒂能清暑去湿、活血安胎。莲房能消瘀、止血、去湿。莲子能养心、益肾、补脾、涩肠，以湖南的"湘莲子"最为著名；莲衣能敛、佐参以补脾阴。莲子心能清心、去热、止血、涩精。由于莲的品种繁多，不同品种的不同部位，其药效可能略有差异。

6～7 月间采收含苞未放的大花蕾或开放的花，阴干，即得人们常用的药物荷花。荷花的地下茎是莲藕，莲藕是最好的蔬菜和蜜饯果品。叶是荷叶，果实是莲房，种子为莲子。荷花的花、种子、嫩叶和根茎都是中国人民喜爱的药膳食品。

【原料和设备】

加工用的荷花为新鲜的荷花，应该选择颜色鲜艳、香味浓郁的鲜荷花。主要加工设备为真空冷冻干燥机、电热真空干燥箱、双向旋转球磨机、激光粒度测定仪、电子显微镜和植物粉碎机等。

【工艺流程】

荷花→烘干→称重→水分含量测定→调整水分含量→超微粉碎

【操作要点】

（1）原料选择　选择颜色鲜艳、香味浓郁的鲜荷花为原料，洗净、驱虫，去梗。荷花花瓣娇嫩，清洗的时候一定要轻柔，以免破坏荷花花瓣。

（2）干燥　为了保持荷花的色泽和香味，采用真空冷冻干燥对荷花进行干燥。干燥条件为：预冻时，预冻温度为－20℃，时间为2h；冷凝器温度为－50℃；升华干燥时，干燥箱真空度为10Pa，搁板温度为30℃，时间为10h；解析干燥时，搁板温度为50℃，时间为7h。经真空冷冻干燥后的荷花含水率在4.0%以下，干燥品质较佳。

（3）粉碎　采用双向旋转球磨机对干燥后的荷花进行超细粉碎，以获得最佳粒度的粉体产品。制备荷花粉体的工艺条件为：装填系数为0.7，筒体转速为120r/min，内搅拌器转速为80r/min，球料比为10，磨球种类为氧化锆球，研磨时间为120min。该工艺条件制备的荷花超细粉体的粒度（d_{50}）为7μm。

（4）检测　采用激光粒度测定仪和电子显微镜测定粒径大小和分布。

【产品质量】

外观：粉粒细小均匀、松散，无结块，无霉变，无肉眼可见的杂质存在；颜色：荷花固有的颜色，无杂色；气味：具有荷花的天然清香，风味纯正，无异味。

溶解度：≥100%；水分：≤6%。

菌落总数：<1000CFU/g；沙门氏菌：无；大肠杆菌：无。

第七节　玫瑰的粉制加工技术

【说明】

玫瑰为一种蔷薇科植物，作为药材已被使用2000余年。玫瑰花中的活性物质，比如黄酮类、萜类、酚类等，具备抗氧化、抗菌和扩张血管等优点。玫瑰花中具有很高含量的维生素C，可作为一种抗氧化剂添加到食品中。玫瑰花中的一些醇类具有抑菌作用，对多种细菌具有很强的抑制作用。玫瑰花的颜色鲜艳，含有多种色素成分，取代人工色素添加到食品和化妆品等中，天然、健康。玫瑰花具有令人愉悦的香味，含有芳香醇、芳香醛和脂肪酸等成分，对取代有害的合成香料，具有重要意义。目前，玫瑰花已经添加到面膜、饮料、果冻、焰饼和压片糖等相应的产品中，被广大消费者所青睐。将玫瑰花通过一定的工艺制成超细粉体，可全部用于添加到化妆品等中。此外，玫瑰花超细粉体具有很高的活性，其中的营养成分更易被人体吸收和利用。

【原料和设备】

加工用的玫瑰花为新鲜的玫瑰花，应该选择颜色鲜艳、香味浓郁的鲜玫瑰花。主要加工设备为真空冷冻干燥机、电热真空干燥箱、双向旋转球磨机、激光粒度测定仪、电子显微镜和植物粉碎机等。

【工艺流程】

玫瑰花→烘干→称重→水分含量测定→调整水分含量→超微粉碎

【操作要点】

（1）原料选择　选择颜色鲜艳、香味浓郁的鲜玫瑰花为原料，洗净、驱虫、去梗。

（2）干燥　为了保持玫瑰花的色泽和香味，采用真空冷冻干燥对玫瑰花进行干燥。干燥条件为：预冻时，预冻温度为 $-20℃$，时间为 2h；冷凝器温度为 $-50℃$；升华干燥时，干燥箱真空度为 10Pa，搁板温度为 30℃，时间为 10h；解析干燥时，搁板温度为 50℃，时间为 7h。经真空冷冻干燥后的玫瑰花含水率在 4.0% 以下，干燥品质较佳。

（3）粉碎　采用双向旋转球磨机对干燥后的玫瑰花进行超细粉碎，以获得最佳粒度的粉体产品。制备玫瑰花粉体的工艺条件为：装填系数为 0.7，筒体转速为 120r/min，内搅拌器转速为 80r/min，球料比为 10，磨球种类为氧化锆球，研磨时间为 120min。该工艺条件制备的玫瑰花超细粉体的粒度（d_{50}）为 7μm。

（4）检测　采用激光粒度测定仪和电子显微镜测定粒径大小和分布。

【产品质量】

外观：粉粒细小均匀、松散，无结块，无霉变，无肉眼可见的杂质存在；颜色：玫瑰花固有的颜色，无杂色；气味：具有玫瑰花的天然清香，风味纯正，无异味。

溶解度：≥100%；水分：≤6%。

菌落总数：<1000CFU/g；沙门氏菌：无；大肠杆菌：无。

第八节　万年青的粉制加工技术

【说明】

万年青属（*Rohdea*）是被子植物门百合科下的一个属，该属物种多为多年生草本植物。该属的主要特征是：根具许多纤维根，并密生白色绵毛；叶为基生并且排成两列套叠成簇；花为肉质穗状花序并于叶腋抽出；花冠常为白色，呈高脚碟状或漏斗状；果实为具单颗种子的浆果，呈球形。万年青分布于中国和日本。全株有清热解毒、散瘀止痛之效。

万年青的常见用途是用作家庭盆栽。它宽大碧绿的枝叶与红润饱满的果实着实为自己的"颜值"加分，也因此而广受大众喜爱。万年青除了可供观赏，还可以食用。它的常见吃法是将其制成干后食用。比如用万年青干炒食，或煲汤，具有清热解毒、强心利尿、凉血止血的食疗价值。

很多人认为万年青有毒，因为碰触它的汁液，容易导致人体过敏，出现皮肤红肿、疼痛等症状。那么万年青真的含有毒性吗？这里需要大家弄清"万年青"的概念。"万年青"只是万年青属植物的一个总称，它包括很多不同品种的万年青，而可食用的万年青与普通万年青并非一个品种。常见的盆栽万年青汁液中含有草酸、天门冬毒素，误食后会出现中毒现象，碰触它的汁液也容易出现过敏。所以常见的盆栽万年青并不适合直接食用。

【原料和设备】

加工用的万年青为新鲜的万年青根状茎或全草。主要加工设备有电热真空干燥箱、双向旋转球磨机、激光粒度测定仪、电子显微镜和植物粉碎机等。

【工艺流程】

万年青→烘干→称重→水分含量测定→调整水分含量→超微粉碎

【操作要点】

（1）原料选择　秋季采挖万年青根状茎，洗净，去须根，鲜用或切片晒干。全草鲜用，四季可采。

（2）干燥　将处理后的万年青平铺在烤盘内（注意铺层不宜过厚），放入烘箱，于70℃烘制24h。经干燥后的万年青含水率在4.0%以下，干燥品质较佳。

（3）粉碎　采用双向旋转球磨机对干燥冷却后的万年青进行超细粉碎，以获得最佳粒度的粉体产品。

（4）检测　采用激光粒度测定仪和电子显微镜测定粒径大小和分布。

【质量标准】

外观：粉末疏松、无结块，无肉眼可见杂质；颜色：棕绿色精细粉末，且均匀一致；气味：天然万年青味。

溶解度：≥95%；粒度：100%过80目筛；水分：≤6%。

菌落总数：<1000CFU/g；沙门氏菌：无；大肠杆菌：无。

第九节　万寿菊的粉制加工技术

【说明】

万寿菊（*Tagetes erecta* L.）为菊科万寿菊属一年生草本植物，茎直立，粗壮,具纵细条棱,分枝向上平展。叶羽状分裂;沿叶缘有少数腺体。头状花序单生;总苞杯状,顶端具齿尖;舌状花黄色或暗橙色;管状花花冠黄色。瘦果线形,基部缩小,黑色或褐色,被短微毛;冠毛有1~2个长芒和2~3个短而钝的鳞片。花期7~9月。

万寿菊花可以食用,是花卉食谱中的名菜。万寿菊花可以清热解毒,化痰止咳;有香味,可作芳香剂;以前曾用作抑菌、镇静、解痉剂。其同属植物 *Tagetes minuta* 含挥发油,有镇静、降压、扩张支气管、解痉及抗炎作用。

菊花粉是专门种植的菊科植物色素用万寿菊提取天然黄色素后的副产品。提取过程是将盛开的万寿菊花朵干燥并压制成颗粒,然后用溶剂提取其中的黄色素。万寿菊种植加工是近几年新兴的一种色素产业,主要分布于华北和东北地区。菊花粉外观呈带纤维的黄绿色粉状或类似兔颗粒饲料的颗粒状,有酸味和特殊气味。其营养接近苜蓿草粉,是草食动物的一种优质饲料原料。菊花粉的营养成分大致为:粗蛋白11%~13%,粗纤维24%~26%,赖氨酸0.6%,胱氨酸0.45%,脂肪0.6%,叶黄素0.2g/1000g,钙1%,磷0.2%,水分少于12%。菊花粉在兔饲料中作为粗饲料使用,添加比例一般为5%~20%,可替代部分苜蓿草粉、草糠和麸皮。最高添加比例不宜超过25%,添加比例过高可能会因为菊花粉性味较寒凉而引起轻度拉稀。

使用菊花粉喂兔能起到以下几方面作用:

① 菊花粉营养比较全面均衡,能替代优质草粉。与苜蓿草粉相比,除粗蛋白含量稍低以外,菊花粉的其他营养与苜蓿草粉接近,但价格比苜蓿草粉低得多。使用菊花粉可少用甚至不用劣质草糠,从而可减少甚至避免使用劣质草糠可能造成的胃肠道炎症等问题。通常在兔的饲料中添加30%~40%的草糠,以满足兔对粗纤维的需求。所用的草糠以稻壳和花生壳为主,其质量难以保证,特别是容易霉变,这是引起兔群胃肠道疾病多发的主要原因。

② 菊花粉具有保健作用,能提高兔群的抗病力和繁殖力,减轻慢性呼吸道病的发病症状。

③ 添加菊花粉的兔饲料容易压制颗粒,不但制粒快,而且制出的颗粒硬实。这样有利于兔的采食,节约饲料。

④ 使用菊花粉可少用化合成抗菌药物,减少化学污染和药物残留,提高兔产品质量。

⑤ 菊花粉为加工副产品,使用菊花粉制作兔饲料不但利用了其他行业的废物,而且丰富了饲料来源。

⑥ 使用菊花粉能降低兔饲料成本。

⑦ 使用菊花粉后减少了劣质草糠的配合比例,从而有利于提高饲料中的营养浓度。

需要特别提醒的是，由于菊花粉是一种全新的饲料原料，而且具有特殊气味，突然饲喂含较高比例（8%以上）菊花粉的饲料会引起兔群减食和轻度拉稀。因此使用菊花粉时要低比例（5%～8%）喂用两周以上，使兔有一段时间的适应过程，然后再逐步过渡到较高比例。相比之下，年轻兔比成年兔适应较快，肉兔和獭兔比长毛兔适应较快。

【原料和设备】

应该选择颜色鲜艳、香味浓郁的新鲜万寿菊花朵。主要加工设备为烘箱、双向旋转球磨机、振动筛、激光粒度测定仪和电子显微镜等。

【工艺流程】

万寿菊→烘干→称重→水分含量测定→调整水分含量→超微粉碎

【操作要点】

（1）原料选择　选择颜色鲜艳、香味浓郁的鲜万寿菊为原料，洗净、驱虫，去梗。

（2）干燥　将处理后的万寿菊平铺在烤盘内（注意铺层不宜过厚），放入烘箱，于70℃烘制24h。经干燥后的万寿菊含水率在4.0%以下，干燥品质较佳。

（3）粉碎　采用双向旋转球磨机对干燥冷却后的万寿菊进行超细粉碎，以获得最佳粒度的粉体产品。

（4）检测　采用激光粒度测定仪和电子显微镜测定粒径大小和分布。

【质量标准】

外观：粉末疏松、无结块，无肉眼可见杂质；颜色：黄色精细粉末，且均匀一致；气味：天然万寿菊味。

溶解度：≥95%；粒度：100%过80目筛；水分：≤6%。

菌落总数：<1000CFU/g；沙门氏菌：无；大肠杆菌：无。

第十节　菊花的粉制加工技术

【说明】

菊花［拉丁学名：*Dendranthema morifolium*（Ramat.）Tzvel.］，在植物分类学中是菊科菊属的多年生宿根草本植物。按栽培形式分为多头菊、独本菊、大立菊、悬崖菊、艺菊、案头菊等栽培类型；也可按花瓣的外观形态分为园抱、退抱、反抱、乱抱、露心抱、飞舞抱等栽培类型。菊花是中国十大名花之一，花中四君子（梅兰竹菊）之一，也是世界四大切花（菊花、月季、康乃馨、唐菖蒲）之一，产量居首。药用菊花为菊科植物的干燥头状花序，主产于浙江、安徽、河南等地。9～11月花盛开时分批采收，阴干或焙干，或熏、蒸后晒干，生用。药材按产地和加工方法不同，分为"亳菊""滁菊""贡菊""杭菊"等。由于花的颜色不同，又有黄菊花和白菊花之分。菊花的加工方法因品种不同而有所差异，下面简单介绍几种。

(1) 怀菊　主产于河南新乡一带，是药用菊类的品种之一。其加工方法是：连菊苗割下，打成捆倒挂在屋里晾晒脱去一些水分后，剪下花头放在席上晒干。晒干后的菊花再喷少量水（每 100kg 干花用水 2～5kg），这样花朵不易散碎，然后用硫黄（每 100kg 干花用硫黄 1kg）置于木炭中熏花至干，熏后色白鲜艳，可以提高商品等级。

(2) 杭菊　主要采用蒸花的方法，蒸花的特点是干燥快，质量佳。具体方法是：将在阳光下晒至半瘪程度的花放在蒸笼内，铺放不宜过厚，花心向两面，中间夹乱花，摆放 3cm 左右厚，准备蒸花。

蒸花时每次放三只蒸匾，上下搁空，蒸时注意火力，既要猛又要均匀，锅水不能过多，以免水沸溅到蒸匾上形成"浦汤花"而影响质量，以蒸一次添加一次水为宜，水上面放置一层竹制筛片铺纱布，可防沸水上窜。每锅以蒸汽直冲约 4min 为宜，如过久则使香味减弱而影响质量，并且不易晒干。没有蒸透心者，则花色不白，易腐烂变质。

将蒸好的菊花放在竹制的晒具上，进行暴晒，对放在竹匾里的菊花不能翻动。晚上菊花收进室内也不能挤压。待晒 3～4d 后可翻动一次，再晒 3～4d 后基本干燥，收起来贮存几天，待"还性"后再晒 1～2d，晒到菊花花心完全变硬，便可贮藏。

(3) 黄菊花　烘菊花通常以黄菊花为主。将鲜花置烘架上，用炭火烘焙，并不时翻动，烘至七八成干时停止烘焙，放室内几天后再烘干或晒干。蒸花后若遇雨天多，产量大，也可以用此法烘花。此法的缺点是成本大，易散瓣。

(4) 滁菊　主要是安徽滁州一带栽培，是菊中珍品，花瓣细长而浓密，色白，呈绒球状，气味清芳幽郁。其加工方法是：采摘后，将花朵放在竹匾上阴干，不宜暴晒。

(5) 亳菊　主产于安徽亳州一带，是主要的药用菊类之一。其加工方法是：将茎连花叶一齐割下，倒挂在房檐下，阴晾干，也可搭架阴干。阴干时间约 30～70d，干后分档采花。

【原料和设备】

加工用的菊花为新鲜的菊花，应该选择颜色鲜艳、香味浓郁的菊花。主要加工设备有电热真空干燥箱、双向旋转球磨机、激光粒度测定仪、电子显微镜和植物粉碎机等。

【操作要点】

(1) 上笼　将挑选好的鲜菊花用清水冲洗，晾干后上笼蒸。蒸菊花的笼叫"菊埭"，是用竹皮编织而成的一种小笼，直径 30～40cm，高 7cm 左右，每三棣可放入鲜菊花 1kg，放置厚度约 3cm，干制后每埠可以收获成品 50g。

（2）蒸制 熏制菊花的锅灶直径为 80cm，锅内盛水 3kg，把水烧开后将菊埠放入笼子上，每锅放 3 个菊埠，盖上锅盖，蒸 4～5min 即可停火。当锅内的水正在沸腾蒸汽直线上升时开锅取出，然后装入第二批。蒸制时用火要大而均匀，不要忽大忽小。锅中加水不宜太多以防沸水烫花而发黄。但若加水过少，蒸汽太少，容易造成生花（变干后容易挥发而失去价值）。要蒸一次换一次水，保持水质清净。

（3）干制 蒸过的菊花，形状像一块扁圆形的花饼，从菊埠中取出摊在竹帘上暴晒 6～7d，1～2d 翻一次，晒到花干燥、颜色纯正为止。如遇到阴雨天气，用火烘干，或用烤箱烤干以防霉烂。经干燥后的菊花含水率在 4.0% 以下，干燥品质较佳。

（4）粉碎 采用双向旋转球磨机对干燥冷却后的菊花进行超细粉碎，以获得最佳粒度的粉体产品。

（5）检测 采用激光粒度测定仪和电子显微镜测定粒径大小和分布。

【产品质量】

外观：粉粒细小均匀、松散，无结块，无霉变，无肉眼可见的杂质存在；颜色：菊花固有的颜色，无杂色；气味：具有菊花的天然清香，风味纯正，无异味。

溶解度：≥100%；粒度：100% 过 80 目筛；水分：≤6%。

菌落总数：<1000CFU/g；沙门氏菌：无；大肠杆菌：无。

第十一节 茉莉的粉制加工技术

【说明】

茉莉 [*Jasminum sambac* (L.) Ait]，为木犀科素馨属直立或攀缘灌木，高达 3m。小枝圆柱形或稍压扁状，有时中空，疏被柔毛。叶对生，单叶，叶片纸质，圆形、椭圆形、卵状椭圆形或倒卵形，两端圆或钝，基部有时微心形，侧脉 4～6 对，在上面稍凹入或凹起，下面凸起，细脉在两面常明显，微凸起，除下面脉腋间常具簇毛外，其余无毛；裂片长圆形至近圆形，先端圆或钝。果球形，呈紫黑色。花期 5～8 月，果期 7～9 月。

茉莉的花极香，为著名的花茶原料及重要的香精原料；花、叶药用可治目赤肿痛，并有止咳化痰之效。茉莉花性寒，可消胀气，有理气止痛、温中和胃、消肿解毒、强化免疫系统的功效，并对痢疾、腹痛、结膜炎及疮毒等具有很好的消炎解毒作用。此外，还具有清肝明目、生津止渴、通便利水、祛风解表、疗瘘、坚齿、益气力、降血压、强心、防龋、防辐射损伤、抗癌、抗衰老之功效。茉莉花与粉红玫瑰花搭配冲泡饮用有瘦身的效果，特别有助于排出体内毒素。

【原料和设备】

加工用的茉莉花为新鲜的茉莉花，应该选择颜色鲜艳、香味浓郁的茉莉花。主要加工设备有电热真空干燥箱、双向旋转球磨机、激光粒度测定仪、电子显微镜和植物粉碎机等。

【工艺流程】

茉莉花→烘干→称重→水分含量测定→调整水分含量→超微粉碎

【操作要点】

(1) 原料选择　选择颜色鲜艳、香味浓郁的鲜茉莉花为原料，洗净、驱虫、去梗。

(2) 干燥　将处理后的茉莉花平铺在烤盘内（注意铺层不宜过厚），放入烘箱，于70℃烘制24h。经干燥后的茉莉花含水率在4.0%以下，干燥品质较佳。

(3) 粉碎　采用双向旋转球磨机对干燥冷却后的茉莉花进行超细粉碎，以获得最佳粒度的粉体产品。

(4) 检测　采用激光粒度测定仪和电子显微镜测定粒径大小和分布。

【质量标准】

外观：粉末疏松、无结块，无肉眼可见杂质；颜色：白色精细粉末，且均匀一致；气味：天然茉莉花味。

溶解度：≥95%；粒度：100%过80目筛；水分：≤6%。

菌落总数：<1000CFU/g；沙门氏菌：无；大肠杆菌：无。

第十二节　樱花的粉制加工技术

【说明】

樱花（学名：*Cerasus* sp.）是蔷薇科樱属几种植物的统称。樱花是乔木，高4～16m，树皮灰色。樱花具有很好的收缩毛孔和平衡油脂的功效，含有丰富的天然维生素A、B族维生素和维生素E，樱叶黄酮还具有美容养颜、强化黏膜、促进糖分代谢的药效，是可以用来保持肌肤年轻的青春之花。樱花具有嫩肤、增亮肤色的作用。

【材料与设备】

加工用的樱花应该选择颜色鲜艳、香味浓郁的鲜樱花。主要加工设备有电热真空干燥箱、双向旋转球磨机、激光粒度测定仪、电子显微镜和植物粉碎机等。

【工艺流程】

新鲜樱花→去杂→清洗→腌渍→沥干→烘干→称重→水分含量测定→调整水分含量→超微粉碎

【操作要点】

（1）原料选择　要选择开到七分左右的花朵，并且要带少许枝干。将其清洗干净之后，沥水。

（2）预处理　撒上适当的盐，放置一个晚上。此后将盐水挤干，再倒入适量的白梅醋，浸泡 3d 左右。然后全部摊开再晾晒 3d，色泽鲜艳的腌渍樱花就成了，可装入瓶中保存。在 5℃左右的环境下一般可以保存 2 个月。放在冰箱中随时可以取用。

（3）干燥　将处理后的樱花平铺在烤盘内（注意铺层不宜过厚），放入烘箱，于 70℃烘制 24h。经干燥后的樱花含水率在 4.0%以下，干燥品质较佳。

（4）粉碎　采用双向旋转球磨机对干燥冷却后的樱花进行超细粉碎，以获得最佳粒度的粉体产品。

（5）检测　采用激光粒度测定仪和电子显微镜测定粒径大小和分布。

【产品质量】

外观：粉粒细小均匀、松散，无结块，无霉变，无肉眼可见的杂质存在；颜色：樱花固有的粉红色，无杂色；气味：具有樱花的天然清香，风味纯正，无异味。

溶解度：≥100%；粒度：100%过 80 目筛；水分：≤6%。

菌落总数：<1000CFU/g；沙门氏菌：无；大肠杆菌：无。

第十三节　兰花的粉制加工技术

【说明】

兰花，中药名。为兰科植物建兰 [*Cymbidium ensifolium*（L.）Sw.]、春兰 [*Cymbidiumgoeringii*（Rchb. f.）Rchb. f.]、蕙兰（*Cymbidium faberi* Rolfe）、寒兰（*Cymbidium kanran* Makino）、多花兰（*Cymbidium floribundum* Lindl.）或台兰 [*Cymbidium floribundum* Lindl. var. pumilum（Rolfe）Y. S. Wu et S. C. Chen] 的花。建兰分布于华东、中南、西南等地。春兰分布于华东、中南、西南及甘肃、陕西等地。蕙兰分布于华东、中南、西南及陕西等地。寒兰分布于华东、华南及云南等地。多花兰分布于华东、中南、西南及西藏等地。台兰分布于浙江、福建、台湾、广东、广西、湖北、湖南、江西、四川、云南、贵州等地。兰花可以利用的部位有根、叶、花、果、种子，可以说兰花全身都是宝，兰花的药用价值很高。兰花的根可治肺结核、肺脓肿及扭伤；兰花的叶可以治小儿百日咳；兰花的果实可以止呕吐；兰花的种子能治目翳。兰花当中的蕙兰，全草都可以用来治妇女病。春兰全草可以治神经衰弱，对于蛔虫和痔疮等有很好的作用。建兰的叶可治肺气虚，同时兰花的花梗还可治恶癣。而素心兰和蕙兰花瓣有催生的作用。兰花是一种气味辛，性平、甘而无毒的一种草药，在《本草纲目》中就有记载。现代中医主要将兰花用在凉血润肺、治干咳久嗽、治肺结核及妇女白带。

【材料与设备】

加工用的兰花为新鲜的兰花，应该选择颜色鲜艳、香味浓郁的兰花。主要加工设备有电热真空干燥箱、双向旋转球磨机、激光粒度测定仪、电子显微镜和植物粉碎机等。

【工艺流程】

新鲜兰花→去杂→清洗→漂烫→沥干→烘干→称重→水分含量测定→调整水分含量→超微粉碎

【操作要点】

（1）原料选择　选择颜色鲜艳、香味浓郁的鲜兰花为原料，驱虫，去梗，把原料表面的泥沙及杂质清除干净，漂烫3min，将漂烫过的兰花置于筛网上沥干。

（2）干燥　将处理后的兰花平铺在烤盘内（注意铺层不宜过厚），放入烘箱，于70℃烘制24h。经干燥后的兰花含水率在4.0%以下，干燥品质较佳。

（3）粉碎　采用双向旋转球磨机对干燥冷却后的兰花进行超细粉碎，以获得最佳粒度的粉体产品。

（4）检测　采用激光粒度测定仪和电子显微镜测定粒径大小和分布。

【产品质量】

外观：粉粒细小均匀、松散，无结块，无霉变，无肉眼可见的杂质存在；颜色：兰花固有的颜色，无杂色；气味：具有兰花的天然清香，风味纯正，无异味。

溶解度：≥100%；粒度：100%过80目筛；水分：≤6%。

菌落总数：<1000CFU/g；沙门氏菌：无；大肠杆菌：无。

第十四节　金针花的粉制加工技术

【说明】

黄花菜（*Hemerocallis citrina* Baroni）又名金针花、黄花草、忘忧草、七星菜、安神菜。属百合科多年生草本植物，具有"观为花，食为菜、用为药"的美称。植株一般较高大；根近肉质，中下部常有纺锤状膨大。叶7~20枚，长50~130cm，宽6~25mm。花葶长短不一，一般稍长于叶，基部呈三棱形，上部呈圆柱形，有分枝；苞片为披针形，下面的长可达3~10cm，自下向上渐短，宽3~6mm；花梗较短，通常长不到1cm；花多朵，最多可达100朵以上；花被淡黄色，有时在花蕾时顶端带黑紫色；花被管长3~5cm，花被裂片长（6~）7~12cm，内三片宽2~3cm。蒴果钝三棱状椭圆形，长3~5cm。种子约20多

150

个，黑色，有棱，从开花到种子成熟约需 40～60d。花果期 5～9 月。阳性植物，半日照亦可，不择土壤。喜生于干燥的山坡、荒地、干草甸子、田边路旁。主要分布于湖南祁东县、河南、陕西、山西、浙江等地以及东北东部地区。

黄花菜含有大量的糖类、蛋白质和纤维素，只有少量的脂肪，而钙、磷、铁、维生素 A、维生素 B_1、维生素 B_2 等含量都很高，因此算得上是一种营养蔬菜。选购时，挑选颜色带黄晕而有香味者，切勿买散发酸味的、颜色黑褐的、湿气重的商品。新鲜黄花菜不一定要除去花药烹煮，不但费时，而且也会损失一些营养。常吃黄花菜能滋润皮肤，增强皮肤的韧性和弹力，可使皮肤细嫩饱满、润滑柔软、皱褶减少、色斑消退。黄花菜还有抗菌免疫功能，具有中轻度的消炎解毒功效，并在防治传染病方面有一定的作用。

【原料和设备】

加工用的金针花为新鲜的金针花，应该选择颜色鲜艳、香味浓郁的金针花。主要加工设备有电热真空干燥箱、双向旋转球磨机、激光粒度测定仪、电子显微镜和植物粉碎机等。

【工艺流程】

金针花→烘干→称重→水分含量测定→调整水分含量→超微粉碎

【操作要点】

黄花菜的粉制加工按顺序分为以下几道工序。

1. 蒸制

（1）蒸房建设　蒸房由一口大铁锅和在锅台上建的一间小房组成。房的侧面和顶棚封闭，正面开门，房内用架杆分 3～4 层，每层摆 2 个筛，在房一侧上下各插入一支 0～100℃ 的温度计，用煤作燃料。

（2）蒸制　先将鲜黄花菜放在筛里，每个筛放 5～6kg，厚度 12～15cm，要求中间略高，四周稍低，呈馒头状，再将中间轻扒个凹，要装得蓬蓬松松，以便受热均匀，成熟度一致。装好后，把筛放进蒸房里，关上门，灶生火。通过锅里的水产生热气，来提高蒸房的温度，当温度达到 70～75℃ 时，维持 3～5min 即熟。

（3）成品　蒸制好的菜，花蕾上布满小水珠，由黄绿色转为淡黄绿色，蓬松花堆下陷 1/3～1/2；摸花身发软，竖起花柄稍弯曲；搓花蕾有响声，里生外熟；蒸好的花蕾干菜率 16%～20%，5～6kg 鲜菜出 1kg 干菜。好的干菜条状肉厚、色泽金黄、油性大，回潮性强，含糖量高，味道美，商品性好。

2. 腌制

就地收购，就地腌制。即把添加剂加入水中搅拌均匀，然后把鲜黄花菜放进去进行腌制。具体方法是：将食用添加剂焦亚硫酸钠与采摘或收购的鲜黄花，按 3%～3.5% 的比例直接拌均匀，装在密闭的容器里（大瓮或塑料袋），放在温室或光线充足的地方腌制 24h，捞出控去水分，即可干燥。这种方法较传统蒸制法操作简便、省工、省燃料，干制后的黄花色泽金黄，加工后没有油条或青条，商品性好，且加工不受数量多少限制，特别是阴雨天不会造成大量花蕾霉烂。

3. 干燥

干燥后的花蕾水分散发，品质稳定，便于贮运销售。

① 阴干。蒸好的花蕾，最好保持原状。不要立即出筛，如果筛少周转不开时，也可将花蕾顺倒在晒席上晾过心，但不要将筛反倒。这样摊晒时，就不易发馊、变形、干后条子直粗，成品味道好。把筛放在阴凉通风处 1～2h，利用余热进一步使黄花菜熟透熟匀，使表皮上的糖分收敛转化，熟度均匀，色泽美观。

② 晒干。制成木架，南低北高，把准备好的苇席钉上，制成晒床，放在光线充足的地方。然后将晾过心的黄花菜或腌制好的黄花菜均匀地摊在苇席上，每天翻动 1～2 次。第一天要用双席对翻，即用一个空席盖在晒床上，夹住翻转，既快又不粘席，花蕾干后粗直不弯曲。尚未半干时不能手翻，以防干后卷曲，一般 2d 即可晒干。晒好的菜用手握不发脆，松手后自然散开。

③ 烘干。将处理后的黄花菜平铺在烤盘内（注意铺层不宜过厚），放入烘箱，于 70℃烘制 24h。经干燥后的黄花菜含水率在 4.0％以下，干燥品质较佳。

4. 粉碎

采用双向旋转球磨机对干燥冷却后的金针花进行超细粉碎，以获得最佳粒度的粉体产品。

【质量标准】

外观：粉末疏松、无结块，无肉眼可见杂质；颜色：棕黄色精细粉末，且均匀一致；气味：天然黄花菜味。

溶解度：≥95％；粒度：100％过 80 目筛；水分：≤6％。

菌落总数：＜1000CFU/g；沙门氏菌：无；大肠杆菌：无。

第十五节　油菜花的粉制加工技术

【说明】

油菜（*Brassica campestris*），别名芸薹，原产地在欧洲与中亚一带，植物学上属于十字花科一年生草本植物。油菜花含有很丰富的花粉。种子含油量达 35％～50％，可以榨油或当作饲料用。除此，油菜的嫩茎及叶也可以当作蔬菜食用。油菜是中国第一大食用植物油原料。油菜花性凉、味甘，所含的植物激素能够刺激酶的形成，能够排斥并吸附掉人体内的致癌物质，改善肝脏的排毒功能，因此有活血化瘀、解毒消肿的功效。油菜花宜在油菜生长中很嫩的阶段采摘，其含有大量的植物纤维素，可以与胆酸盐、胆固醇及甘油三酯结合，降低脂质被人体吸收的比率；同时加速人体肠道的蠕动，有效地防止便秘。

【原料和设备】

加工用的油菜花为新鲜的油菜花，应该选择颜色鲜艳、香味浓郁的油菜花。主要加工设备有电热真空干燥箱、双向旋转球磨机、激光粒度测定仪、电子显微镜和植物粉碎机等。

【工艺流程】

油菜花→烘干→称重→水分含量测定→调整水分含量→超微粉碎

【操作要点】

（1）原料选择　选择颜色鲜艳、香味浓郁的鲜油菜花为原料，洗净、驱虫，去梗。

（2）干燥　将处理后的油菜花平铺在烤盘内（注意铺层不宜过厚），放入烘箱，于70℃烘制24h。经干燥后的油菜花含水率在4.0%以下，干燥品质较佳。

（3）粉碎　采用双向旋转球磨机对干燥冷却后的油菜花进行超细粉碎，以获得最佳粒度的粉体产品。

（4）检测　采用激光粒度测定仪和电子显微镜测定粒径大小和分布。

【质量标准】

外观：粉末疏松、无结块，无肉眼可见杂质；颜色：黄色精细粉末，且均匀一致；气味：天然油菜花味。

溶解度：≥95%；粒度：100%过80目筛；水分：≤6%。

菌落总数：<1000CFU/g；沙门氏菌：无；大肠杆菌：无。

第十六节　康乃馨的粉制加工技术

【说明】

康乃馨，原名香石竹，又名狮头石竹、麝香石竹、大花石竹，拉丁文名 *Dianthus caryophyllus* L.，为石竹科石竹属多年生草本，高40~70cm，全株无毛，粉绿色。茎丛生，直立，基部木质化，上部稀疏分枝。叶片线状披针形，顶端长渐尖，基部稍成短鞘，中脉明显，上面下凹，下面稍凸起。花常单生于枝端，有香气，粉红、紫红或白色；花梗短于花萼；宽卵形，顶端短凸尖；花萼圆筒形，萼齿披针形，边缘膜质；瓣片倒卵形，顶缘具不整齐齿；雄蕊长达喉部；花柱伸出花外。蒴果卵球形，稍短于宿存萼。花期5~8月，果期8~9月。

康乃馨含人体所需的各种微量元素，能加速血液循环，促进新陈代谢，具有清心除燥、排毒养颜、调节内分泌等作用，同时具有固肾益精、治虚劳、治咳嗽、消渴之功效。

【原料和设备】

加工用的康乃馨为新鲜的康乃馨，应该选择颜色鲜艳、香味浓郁的康乃馨。

主要加工设备有电热真空干燥箱、双向旋转球磨机、激光粒度测定仪、电子显微镜和植物粉碎机等。

【工艺流程】

康乃馨花→烘干→称重→水分含量测定→调整水分含量→超微粉碎

【操作要点】

（1）原料选择　选择颜色鲜艳、香味浓郁的鲜康乃馨为原料，洗净、驱虫，去梗。

（2）干燥　将处理后的康乃馨平铺在烤盘内（注意铺层不宜过厚），放入烘箱，于70℃烘制24h。经干燥后的康乃馨含水率在4.0%以下，干燥品质较佳。

（3）粉碎　采用双向旋转球磨机对干燥冷却后的康乃馨进行超细粉碎，以获得最佳粒度的粉体产品。

（4）检测　采用激光粒度测定仪和电子显微镜测定粒径大小和分布。

【质量标准】

外观：粉末疏松、无结块，无肉眼可见杂质；颜色：红色精细粉末，且均匀一致；气味：天然康乃馨味。

溶解度：≥95%；粒度：100%过80目筛；水分：≤6%。

菌落总数：<1000CFU/g；沙门氏菌：无；大肠杆菌：无。

第十七节　洛神花的粉制加工技术

【说明】

洛神花，又名玫瑰茄，为锦葵科木槿属热带、亚热带草本植物，其花萼呈玫瑰色，肉质肥厚，营养丰富。洛神花含有丰富的蛋白质（0.3%）、糖类（0.15%）、脂肪（0.1%）、维生素A、维生素C、铁、钠、苹果酸等。洛神花富含维生素C，可改善体质。洛神花具有解毒、利尿、去浮肿的功效，可通过促进胆汁分泌来分解体内多余脂肪。洛神花味酸，有活血补血、养颜美容的功能。洛神花能生津止咳，帮助消化，增强胃功能。洛神花的萃取物，对于预防癌症、预防冠状动脉硬化、帮助消化以及抗老化、抑制自由基活动有一定的功效。去籽实后新鲜的果萼还含有苹果酸，可用于加工果酱、果汁、果冻、茶包、蜜饯及清凉饮料。未熟的果萼可以作为醋的原料或用作蔬菜，嫩叶生食或熟食都可以；干茎含有纤维，可用于纺织和造纸。腌渍过的洛神花可制成蜜饯，对女性亦有补血效果。如果儿童的腹内积虫，则可以采摘未熟的果实及花煮成汤汁饮用，以驱除体内的寄生虫及利尿。而将洛神花果萼酿制成酒，则具有滋补强壮、舒筋活骨、顺气活血、保肝益心的作用。洛神花的浆汁属于微碱性食品，经食用消化、吸收后，可以平衡体内的酸碱值，有益于身体健康。洛神花萃取物中的类黄酮素、原儿茶酸、花青素和植物性雌激素等成分，能借由清除活性氧、氮化合物、过渡性金属离子的整合作用，节省与 LDL（低密度脂蛋白）相关的抗氧化剂消耗，来降低低密度脂蛋白的脂质过氧化作用。玫瑰茄晶是用玫瑰茄干萼加工而成的固体饮料，用它冲饮的果汁，呈玫瑰色，酸甜可口，清爽宜人，富含维生素 C，是国内外畅销的营养饮料。

【原料和设备】

加工用的洛神花为洛神花干萼。主要加工设备有筛滤机、薄膜蒸发设备、阿贝折射仪、流变仪、真空干燥箱、蠕动泵、色差计、激光粒度测定仪、电子显微镜和水分测定仪等。

【工艺流程】

干萼→分选清洗→浸泡→煮沸→热浸→真空浓缩→配料成型→烘烤→成品

【操作要点】

（1）原料　干萼经剔除霉变残萼与杂物后，用清水快速洗涤去除灰尘。

（2）浸泡　用适量清水（淹没为度）浸泡 5～6h，然后加热至煮沸，停火进行热浸。过滤得到浸提液，萼渣供制果脯用。

（3）真空浓缩　浸提液对热敏感，浓缩温度低、时间短则效果好。控制液量，在真空度 0.080～0.085MPa、溶液温度 70℃下浓缩，当可溶性固形物含量（阿贝折射仪测定）达 24%～28% 时即可停止。

（4）配料与成型　用洁净白砂糖将浓缩液调到糖酸比约为 15～20：1，拌匀。为便于干燥及冲饮时溶解迅速，使成品外形美观，须加工成颗粒状，可用颗粒成型机或孔径 0.9mm 的金属筛或尼龙筛造粒。

（5）烘烤　将成型颗粒摊放在洁净的白布上，厚度 1～1.5cm，于太阳光下干燥或在 50～60℃的温度下烘烤干燥。干燥过程中上下翻动使之受热均匀。真空干燥，效果更佳。

（6）包装　经干燥的成品颗粒冷却后立即包装，每小袋 20g。

【注意事项】

① 加工过程受热时间尽量缩短，严防维生素 C 氧化损失，尽量保持原有风味与营养物质。

② 严格注意加工车间卫生，防止异味和微生物感染。

③ 加工用水要符合饮用标准。

【质量标准】

外观：颗粒疏松、无结块，无肉眼可见杂质；颜色：红色精细颗粒，且均匀一致；气味：天然玫瑰茄味。

溶解度：≥95%；水分：≤6%。

菌落总数：<1000CFU/g；沙门氏菌：无；大肠杆菌：无。

第十八节　芙蓉的粉制加工技术

【说明】

芙蓉是一种锦葵科木槿属植物，原名木芙蓉，别名芙蓉花、拒霜花、木莲、地芙蓉、华木、酒醉芙蓉，拉丁文名 *Hibiscus mutabilis* Linn。为落叶灌木或小乔木，花梗和花萼均密被星状毛与直毛相混的细绵毛。叶宽卵形至圆卵形或心形，先端渐尖，具钝圆锯齿，上面疏被星状细毛和点，下面密被星状细绒毛；花初开时白色或淡红色，后变深红色，直径约 8cm，花瓣近圆形，疏被毛。蒴果扁球形，被淡黄色刚毛和绵毛，种子肾形，背面被长柔毛。花期 8～10 月。芙蓉花花大色丽，为我国久经栽培的园林观赏植物。芙蓉花有清热凉血、消肿排脓等功效，适用于热疖、疮痈、乳痈及肺热咳嗽、肺痈等病症；又可用于血热引起的崩漏，常与莲蓬壳配合同用。芙蓉叶与花的功用相似，一般常作外用，能消肿止痛，适用于热疖、疔疮、痈肿、水火烫伤及臀部注射针剂后引起的肿块不消等症。

【原料和设备】

加工用的芙蓉花为新鲜的芙蓉花，应该选择颜色鲜艳、香味浓郁的芙蓉花。主要加工设备有电热真空干燥箱、双向旋转球磨机、激光粒度测定仪、电子显微镜和植物粉碎机等。

【工艺流程】

芙蓉花→烘干→称重→水分含量测定→调整水分含量→超微粉碎

【操作要点】

(1) 原料选择　选择颜色鲜艳、香味浓郁的鲜芙蓉花为原料，洗净、驱虫，去梗。

(2) 干燥　将处理后的芙蓉花平铺在烤盘内（注意铺层不宜过厚），放入烘箱，于 70℃烘制 24h。经干燥后的芙蓉花含水率在 4.0%以下，干燥品质较佳。

(3) 粉碎　采用双向旋转球磨机对干燥冷却后的芙蓉花进行超细粉碎，以获得最佳粒度的粉体产品。

(4) 检测　采用激光粒度测定仪和电子显微镜测定粒径大小和分布。

【质量标准】

外观：粉末疏松、无结块，无肉眼可见杂质；颜色：红色精细粉末，且均匀一致；气味：天然芙蓉花味。

溶解度：≥95%；粒度：100%过 80 目筛；水分：≤6%。

菌落总数：<1000CFU/g；沙门氏菌：无；大肠杆菌：无。

第十九节　紫苏的粉制加工技术

【说明】

紫苏［学名：*Perilla frutescens*（L.）Britt.］，别名桂荏、白苏、赤苏等，为唇形科一年生草本植物。具有特异的芳香，叶片多皱缩卷曲，完整者展平后呈卵圆形，长4～11cm，宽2.5～9cm，先端长尖或急尖，基部圆形或宽楔形，边缘具圆锯齿，两面紫色或上面绿色，下表面有多数凹点状腺鳞；叶柄长2～5cm，紫色或紫绿色，质脆。嫩枝紫绿色，断面中部有髓，气清香，味微辛。

紫苏叶能散表寒，发汗力较强，用于风寒表征，见恶寒、发热、无汗等症，常配生姜同用；如表征兼有气滞，可与香附、陈皮等同用。紫苏叶还可用于脾胃气滞、胸闷、呕吐。紫苏种子也称苏子，有镇咳平喘、祛痰的功能。紫苏全草可蒸馏制得紫苏油，种子出的油也称苏子油，长期食用苏子油对治疗冠心病及高血脂有明显疗效。

紫苏叶是一种在中国南方湛江地区广为使用的美味调味品，人们常常用它的叶子来做菜，它的美味经常和蛤蒌相提并论。原产于中国，主要分布于印度、缅甸、日本、朝鲜、韩国、印度尼西亚和俄罗斯等国家。中国华北、华中、华南、西南及台湾均有野生种和栽培种。

【原料和设备】

加工用的紫苏为新鲜的紫苏叶，应该选择叶完整、色紫、香气浓者。主要加工设备有电热真空干燥箱、双向旋转球磨机、激光粒度测定仪、电子显微镜和植物粉碎机等。

【工艺流程】

紫苏叶→烘干→称重→水分含量测定→调整水分含量→超微粉碎

【操作要点】

（1）原料选择　在紫苏生长旺季采摘其嫩叶茎，注意剔除老茎、黄叶及杂质，选择叶完整、色紫、香气浓的鲜紫苏叶为原料，洗净、驱虫，去梗。

（2）干燥　将处理后的紫苏叶平铺在烤盘内（注意铺层不宜过厚），放入烘箱，于70℃烘制24h。经干燥后的紫苏叶含水率在4.0%以下，干燥品质较佳。

（3）粉碎　采用双向旋转球磨机对干燥冷却后的紫苏叶进行超细粉碎，以获得最佳粒度的粉体产品。

（4）检测　采用激光粒度测定仪和电子显微镜测定粒径大小和分布。

【质量标准】

外观：粉末疏松、无结块，无肉眼可见杂质；颜色：紫绿色精细粉末，且均匀一致；气味：天然紫苏叶味。

溶解度：≥95％；粒度：100％过80目筛；水分：≤6％。

菌落总数：＜1000CFU/g；沙门氏菌：无；大肠杆菌：无。

第二十节 扶桑的粉制加工技术

【说明】

扶桑（学名：*Hibiscus rosa-sinensis* Linn.），又名朱槿、佛槿、中国蔷薇。由于花色大多为红色，所以中国岭南一带称之为大红花。常绿灌木，高约1～3m；小枝圆柱形，疏被星状柔毛。叶阔卵形或狭卵形，两面除背面沿脉上有少许疏毛外均无毛。花单生于上部叶腋间，常下垂；花冠漏斗形，直径6～10cm，花瓣倒卵形，先端圆，外面疏被柔毛。蒴果卵形，长约2.5cm，平滑无毛，有喙。花期全年。

朱槿为美丽的观赏花木，花大色艳，花期长，除红色外，还有粉红、橙黄、黄、粉边红心及白色等不同品种；除单瓣外，还有重瓣品种。朱槿在南方多栽植于池畔、亭前、道旁和墙边，全年开花不断，异常热闹。长江流域和北方常以盆栽点缀阳台或小庭院，在光照充足条件下，观赏期特别长。盆栽朱槿是布置节日公园、花坛、宾馆、会场及家庭养花的最好花木之一。

扶桑根、叶、花均可入药，有清热利水、解毒消肿之功效。扶桑花性味甘寒，有清肺、化痰、凉血、解毒、利尿、消肿之功效，适用于肺热咳嗽、腮腺炎、乳腺炎、急性结膜炎、尿路感染、痈疖肿毒、鼻血、月经不调等病症。

【原料和设备】

加工用的扶桑花为新鲜的扶桑花，应该选择颜色鲜艳、香味浓郁的扶桑花。主要加工设备有电热真空干燥箱、双向旋转球磨机、激光粒度测定仪、电子显微镜和植物粉碎机等。

【工艺流程】

扶桑花→烘干→称重→水分含量测定→调整水分含量→超微粉碎

【操作要点】

(1) 原料选择 选择颜色鲜艳、香味浓郁的鲜扶桑花为原料，洗净、驱虫、去梗。

(2) 干燥 将处理后的扶桑花平铺在烤盘内（注意铺层不宜过厚），放入烘箱，于70℃烘制24h。经干燥后的扶桑花含水率在4.0％以下，干燥品质较佳。

(3) 粉碎 采用双向旋转球磨机对干燥冷却后的扶桑花进行超细粉碎，以获得最佳粒度的粉体产品。

(4) 检测 采用激光粒度测定仪和电子显微镜测定粒径大小和分布。

【质量标准】

外观：粉末疏松、无结块，无肉眼可见杂质；颜色：红色精细粉末，且均匀一致；气味：天然扶桑花味。

溶解度：≥95％；粒度：100％过 80 目筛；水分：≤6％。

菌落总数：＜1000CFU/g；沙门氏菌：无；大肠杆菌：无。

第二十一节　槐花的粉制加工技术

【说明】

槐花，又名槐米、槐蕊、槐花米等，是豆科植物槐（*Styphnolobium japonicum* L.）的干燥花蕾或花，微寒、味苦。槐花中不仅含有丰富的蛋白质、脂肪、多种维生素和矿物质，而且含有丰富的黄酮、多糖、芸香苷（又称芦丁）、三萜皂苷、植物甾类、单宁、氨基酸及槐花米甲、乙、丙素等多种活性物质。其中，芸香苷和三萜皂苷等药用成分，能够增强毛细血管韧性，防止冠状动脉硬化，降低血压，改善心肌循环；而黄酮类物质则有助于降低心肌耗氧量，使冠脉、脑血管流量增加，具有抗心律失常、软化血管，降血糖、血脂、抗氧化、消除体内自由基、抗衰老，增加机体免疫力等作用。除了丰富的营养价值和多种保健功能，槐花还具有独特的清香，烘烤过后的槐花具有的特殊香味更是备受人们的青睐。近年来，槐花作为一种风味物质和营养基料被逐渐添加到食品中，从而可赋予食品一定的营养和功能特性，如槐花酒、槐花饮料、槐花酸奶、槐花醋等。

【原料和设备】

加工用的槐花为新鲜的槐花，应该选择颜色纯正、香味浓郁的鲜槐花。主要加工设备有电热真空干燥箱、双向旋转球磨机、激光粒度测定仪、电子显微镜和植物粉碎机等。

【工艺流程】

槐花→烘干→称重→水分含量测定→调整水分含量→超微粉碎

【操作要点】

（1）原料选择　选择颜色纯正、香味浓郁的鲜槐花为原料，洗净、驱虫，去梗。

（2）干燥　将处理后的槐花平铺在烤盘内（注意铺层不宜过厚），放入烘箱，于 70℃烘制 24h。经干燥后的槐花含水率在 4.0％以下，干燥品质较佳。

（3）粉碎　采用双向旋转球磨机对干燥冷却后的槐花进行超细粉碎，以获得最佳粒度的粉体产品。

（4）检测　采用激光粒度测定仪和电子显微镜测定粒径大小和分布。

【质量标准】

外观：粉末疏松、无结块，无肉眼可见杂质；颜色：白色精细粉末，且均匀一致；气味：天然槐花味。

溶解度：≥95%；粒度：100%过80目筛；水分：≤6%。

菌落总数：<1000CFU/g；沙门氏菌：无；大肠杆菌：无。

第二十二节　月季的粉制加工技术

【说明】

月季花（*Rosa chinensis*）又名胜春、月月红，属蔷薇科植物，原产于中国，相传在神农时代就有把野生月季进行家栽的。月季现在在世界各地都有栽培，共有1.5万多个品种。管理得好，月季可月月开花，花期长，产量大，无论是作为观赏花卉还是食用花卉，资源都很丰富，因此，可以进行大规模开发。月季有药用价值，李时珍在《本草纲目》中记载，其花、根、叶等均可入药，性味甘、温，有活血调经、消肿解毒的功效。民间早有食用月季花的传统，有记载的食用方法就有月季花粥、月季花羹、月季花饼等，高档餐桌上月季花更可作为佐餐佳品。

月季花花瓣和花蕊含有多种维生素和矿物质，尤其是花瓣中维生素 B_1、维生素 B_2 的含量较高，且月季花本身 pH 值为中性到酸性，有利于这两种维生素的保存。现代人多食用精米、精面，容易因缺乏维生素 B_1、维生素 B_2 而发生脚气病、口舌炎等微量营养素缺乏症，食用月季花可以部分补充这些微量营养素，从而减少发病概率。从营养性的角度来讲，月季花作为食用花卉具有较大的潜力。月季花花瓣中还含有人体所需大部分氨基酸，种类齐全，含量较高。

【原料和设备】

加工用的月季花为新鲜的月季花，应该选择颜色鲜艳、香味浓郁的月季花。主要加工设备有电热真空干燥箱、双向旋转球磨机、激光粒度测定仪、电子显微镜和植物粉碎机等。

【工艺流程】

月季花→烘干→称重→水分含量测定→调整水分含量→超微粉碎

【操作要点】

（1）原料选择　选择颜色鲜艳、香味浓郁的鲜月季花为原料，洗净、驱虫、去梗。

（2）干燥　将处理后的月季花平铺在烤盘内（注意铺层不宜过厚），放入烘箱，于70℃烘制24h。经干燥后的月季花含水率在4.0%以下，干燥品质较佳。

（3）粉碎　采用双向旋转球磨机对干燥冷却后的月季花进行超细粉碎，以获得最佳粒度的粉体产品。

（4）检测　采用激光粒度测定仪和电子显微镜测定粒径大小和分布。

【质量标准】

外观：粉末疏松、无结块，无肉眼可见杂质；颜色：红色精细粉末，且均匀一致；气味：天然月季花味。

溶解度：≥95％；粒度：100％过 80 目筛；水分：≤6％。

菌落总数：＜1000CFU/g；沙门氏菌：无；大肠杆菌：无。

参考文献

[1] 刘殿宇，梁素梅.压力喷雾干燥系统在速溶茶粉生产中的应用及注意事项［J］.上海茶叶，2009，31（2）：8-10.

[2] 刘殿宇，梁素梅.压力喷雾干燥系统在速溶茶粉生产中的应用［J］.中国茶叶，2009，31（7）：21-22.

[3] 刘殿宇.多喷头压力喷雾干燥塔喷嘴的设计［J］.发酵科技通讯，2013，34（2）：18-20.

[4] 赵华庆.基于价值工程法的压力喷雾干燥系统改进研究［D］.昆明：云南大学，2015.

[5] 张忠杰.旋流式组合压力喷雾干燥技术研究［D］.北京：中国农业大学，2003.

[6] 陈志和，张加曼，林洁娜，等.立式压力喷雾干燥系统［P］：中国，CN206823204U.2018-01-02.

[7] 尤丹，杨振，耿英杰.高速离心喷雾干燥机排料及加热系统的改进设计研究［J］.现代制造，2017（23）：42-45.

[8] 张建平，相晓宏，白晓明.离心喷雾干燥塔［P］：中国，CN205925030U.2017-02-08.

[9] 闫丙宏，韩韵佳，杨华，等.喷雾干燥技术及其工业应用分析［J］.机电信息，2022（12）：86-88.

[10] 张敏，张丽丽，王仁人，等.气流式喷雾干燥的现状及展望［J］.现代制造技术与装备，2013（4）：5-7.

[11] 于蒙杰，张学军，牟国良，等.我国热风干燥技术的应用研究进展［J］.农业科技与装备，2013（8）：14-16.

[12] 贺清辉，黄文华，王红刚.真空冷冻干燥食品的加工工艺研究［J］.中国食品，2022（05）：128-130.

[13] 牟群英，李贤军.微波加热技术的应用与研究进展［J］.物理，2004，33（6）：438-442.

[14] 张冉冉，李文绮，贾文婷.热风微波耦合技术在果蔬中的研究进展［J］.保鲜与加工，2022，22（08）：82-87.

[15] 毕金峰.果蔬变温压差膨化干燥技术［J］.农产品加工，2007（7）：62.

[16] 梅桂斌.超微粉碎技术在果蔬制粉中的应用及发展前景［J］.粮食流通技术，2017，7（14）：36-38.

[17] 盖国胜.超细粉碎分级技术［M］.北京：中国轻工业出版社，2000.

[18] 钱益民.粒度、目数和标准筛［J］.现代盐化工，1995（3）：13-14.

[19] 徐红梅.筛析法颗粒分析试验［J］.电脑知识与技术：学术交流，2014（9）：1860-1863.

[20] 吴宝姬.微粉粒度分析——使用显微镜法与沉降管法的对比［J］.磨料磨具通讯，1998（2）：7-9.

[21] 沙菲.几种常用的粉体粒度测试方法［J］.理化检验：物理分册，2012，48（6）：374-377.

[22] 孙成林.粉体生产与冲击式粉碎机［J］.中国非金属矿工业导刊，2002，8（3）：19-22.

[23] 任德树.粒群粉碎原理及辊压机的应用［J］.金属矿山，2002（12）：10-13.

[24] 冯聪聪，姜晓彤，黄海河，等.球磨机控制系统的设计与研究［J］.现代制造技术与装

备，2022，58（08）：18-25，30.

[25] 乔博磊. 新型立式振动研磨机研究与设计 [D]. 西安：陕西科技大学，2017.

[26] 李椿楠，李国峰，刘立伟，等. 搅拌磨机的研究及应用现状 [J]. 矿产综合利用，2021
（04）：110-117.

[27] 杨宗志. 超微气流粉碎：原理、设备和应用 [M]. 北京：化学工业出版社，1988.

[28] 张军，刘建国，王宾. 粉体加工中气流粉碎技术的研究进展 [J]. 现代矿业，2020，36
（11）：96-102，108.

[29] 李珣，陈文梅，褚良银，等. 超细气流粉碎设备的现状及发展趋势 [J]. 化工装备技术，
2005，26（1）：27-31.

[30] 李殉，陈文梅，褚良银，等. 超细气流粉碎基础理论的研究现状及发展 [J]. 化工机械，
2004，31（6）：378-383.

[31] 刘广文. 喷雾干燥实用技术大全 [M]. 北京：中国轻工业出版社，2001.

[32] 亢思莹，顾宙辉，黄鑫. 喷雾干燥技术在固体分散体制备中的应用 [J]. 药学与临床研
究，2022，30（02）：159-161.

[33] 赵改青，王晓波，刘维民. 喷雾干燥技术在制备超微及纳米粉体中的应用及展望 [J].
材料导报，2006，20（6）：56-59.

[34] 王春峰，叶向红. CZJ 自磨型超微粉碎机 [J]. 化工进展，2011，31（6）：803.

[35] 吴宏富. 高效节能 QWJ 气流涡旋微粉机 [J]. 化学工业，2008，6（3）：4.

[36] 吴宏富. 新型 WDJ 系列涡轮式粉碎机 [J]. 化工进展，2009（10）：1797.

[37] 吴宏富. 新型 GJF 干燥超微粉碎机 [J]. 化学工业，2007，29（5）：11.

[38] 林增祥，史吉平，刘莉，等. 超微枣粉及其制备方法 [P]：中国，CN103005319A.
2013-04-03.

[39] 夏晓霞，寇福兵，薛艾莲，等. 超微粉碎对枣粉理化性质、功能特性及结构特征的影响
[J]. 食品与发酵工业，2022，48（12）：37-45.

[40] 李春美，杜静，葛珍珍，等. 一种柿全果低温喷雾干燥粉及其制备方法 [P]：中国，
CN103960612B. 2015-07-22.

[41] 翟文俊. 一种柿子超微粉的制备方法 [P]：中国，CN107594418B. 2020-11-10.

[42] 杨军，贾平. 一种芒果粉的加工方法 [P]：中国，CN110479425A. 2019-11-22.

[43] 班燕冬，苏仕林，黄娇丽，等. 一种芒果粉的制备方法 [P]：中国，CN107568649A.
2018-01-12.

[44] 张丽霞，周剑忠，黄开红，等. 黑莓粉喷雾干燥工艺实验研究 [J]. 食品工业科技，
2010，31（4）：266-268.

[45] 常虹，李远志，张慧敏. 不同干燥方式制备菠萝粉的效果比较 [J]. 农产品加工（学
刊），2009（3）：135-137.

[46] 丁小芳，周立东. 枇杷果粉及其制备方法 [P]：中国，CN108077828A. 2018-05-29.

[47] 薛佳宜. 石榴全籽粉制备工艺及其品质特性研究 [D]. 西安：陕西师范大学，2016.

[48] 丁倩芸，徐彩菊，鹿伟，等. 蔓越莓全果粉和蔓越莓果汁粉对小鼠体液免疫功能的影响
[J]. 卫生研究，2016，45（3）：462-464.

[49] 祝义伟，冯璨，周令国，等.响应面法优选猕猴桃果粉的喷雾干燥工艺条件 [J].中国食物与营养，2015，21（12）：57-59.

[50] 张婉迎，杨俊杰，杨松，等.响应面优化桑葚果粉喷雾干燥研究 [J].食品工业，2018，39（07）：182-185.

[51] 李天航.速溶苹果粉及苹果膳食纤维片制作工艺的优化 [D].沈阳：沈阳农业大学，2016.

[52] 许牡丹，肖文丽，刘红，等.纯天然苹果粉的制备工艺研究 [J].食品科技，2014，39（9）：92-95.

[53] 于方园，张丁洁，吴娜娜，等.草莓速溶粉喷雾干燥工艺的研究 [J].食品研究与开发，2020，41（10）：161-166.

[54] 蒋纬，谭书明，胡颖，等.刺梨果粉喷雾干燥工艺研究 [J].食品工业，2013（10）：25-28.

[55] 廖乐隽.一种木瓜粉的制备方法 [P]；中国，CN201710370977.6.2018-11-23.

[56] 高佳，朱永清，罗芳耀，等.喷雾干燥法制备脱苦柠檬果汁粉及其含片的工艺研究 [J].轻工科技，2015（12）：4-6.

[57] 关鹏翔，傅玉颖，李芳刚.辅料对哈密瓜粉喷雾干燥效果的影响 [J].食品科技，2014，39（2）：92-95.

[58] 张会彦，牟建楼，王颉，等.山楂粉喷雾干燥加工工艺的研究 [J].食品工业，2014（8）：155-157.

[59] 何欢，齐森，吕美，等.树莓速溶粉的研制 [J].食品研究与开发，2014，35（5）：63-65.

[60] 李军，王海民.一种椰子粉及其制备工艺 [P]；中国，CN110881601A.2020-03-17.

[61] 杜超，马立志，王瑞，等.速溶蓝莓果粉制作工艺研究 [J].食品工业，2015（4）：165-168.

[62] 刘程惠，江洁，王艳影，等.喷雾干燥条件对樱桃粉出粉率及品质的影响 [J].食品与机械，2010，26（6）：125-128.

[63] 宋贤聚.低吸湿性杨梅粉喷雾干燥工艺的优化 [J].食品与机械，2013，29（3）：226-229.

[64] 黄卉，刘欣，赵力超，等.喷雾干燥荔枝固体饮料制备工艺及配方研究 [J].食品与发酵工业，2006，32（10）：160-164.

[65] 汤慧民.喷雾干燥法制备无花果微胶囊的研究 [J].食品工业，2012，33（4）：11-13.

[66] 毕金峰，陈瑞娟，陈芹芹，等.不同干燥方式对胡萝卜微粉品质的影响 [J].中国食品学报，2015，15（1）：136-141.

[67] 宋宗庆，沈旭.裸仁南瓜粉制备工艺研究 [J].食品研究与开发，2011（8）：55-57.

[68] 郭玉宝，季长路，裘爱泳，等.番茄粉制备新工艺研究 [J].中国调味品，2008（2）：77-80.

[69] 罗昌荣.高质量番茄粉的研制及其贮藏稳定性研究 [D].无锡：江南大学，2001.

[70] 王世清，浦传奋，孙潇，等.一种紫薯全粉生产方法及利用该紫薯全粉制成的面条

[P]：中国，CN102987296A.2013-03-27.

[71] 杨德，周明，李露，等.喷雾干燥法生产香菇粉工艺优化 [J].食用菌，2014，36（6）：58-60.

[72] 张敏，何俊萍，赵永会.喷雾干燥生产苦瓜复合粉工艺研究 [J].饮料工业，2011，14（6）：34-37.

[73] 户超，李保国，吴酉芝，等.鼓风干燥机制备黄瓜粉的工艺实验研究 [J].食品工业科技，2010（9）：226-228.

[74] 薛晶.真空干燥法生产白萝卜干和萝卜汁的研究 [D].天津：天津科技大学，2015.

[75] 杨华，杨性民，孙金才.不同干燥方式对西兰花蔬菜粉品质的影响 [J].中国食品学报，2013，13（7）：152-158.

[76] 李勇，周卫东，宋慧，等.速溶芹菜粉湿法粉碎加工工艺研究 [J].农业机械，2012（15）：137-139.

[77] 李昌文，纵伟，陈俊锋.不同干燥工艺对菠菜粉品质的影响 [J].北方园艺，2013（23）：152-154.

[78] 刘友锦.高抗性淀粉速溶全藕粉加工工艺的研究 [D].福州：福建农林大学，2015.

[79] 黄云祥，彭友舜.一种芦笋粉的生产方法 [P]：中国，CN101999607A.2011-04-06.

[80] 孔晓雪，安辛欣，赵立艳，等.金针菇速溶粉的制备及体外抗氧化作用 [J].食品工业科技，2011，32（6）：267-269.

[81] 张彩菊，张憨.茶树菇超微粉体性质 [J].食品与生物技术学报，2004，23（3）：92-94.

[82] 李树和.果蔬花卉最新深加工技术与实例 [M].北京：化学工业出版社，2008.

[83] 宋丽丽，张启明，王鸽子.超微粉碎对蒲公英成分溶出特性的影响 [J].时珍国医国药，2001，12（6）：492-493.

[84] 方小明，张晓琳，王军，等.荷花粉真空脉动干燥特性和干燥品质 [J].农业工程学报，2016，32（10）：287-295.

[85] 蒋书云，邓国栋，施金秋，等.球磨法制备玫瑰花粉体 [J].中国粉体技术，2015，21（2）：43-46.

[86] 李凤英，郑思思，孙忠良.玫瑰花超微粉饮料的制备方法 [P]：中国，CN104621659A.2015-05-20.

[87] 黄风格，负嫣茹，卫世乾.菊花干制工艺研究 [J].南阳师范学院学报，2012，11（6）：41-46.

[88] 张文知.冻干茉莉花粉 [P]：中国，CN105614407A.2016-06-01.

[89] 徐向东.黄花菜的干制加工 [J].农产品加工，2004（8）：31.

[90] 孙汉巨，钟昔阳，姜绍通，等.油菜花固体饮料的制备方法 [P]：中国，CN100341436C.2007-10-10.

[91] 李凌云，李保国，丁志华，等.月季和康乃馨的冷冻干燥实验研究 [J].上海理工大学学报，2004，26（1）：94-97.

[92] 张亚晶.康乃馨热风干燥特性及其传热传质研究 [D].昆明：昆明理工大学，2012.

[93] 洪若豪.出口脱水花椰菜热风干制技术（一） [J].农业工程技术：温室园艺，1997

(1)：28.

[94] 洪若豪.出口脱水花椰菜热风干制技术（二）[J].农村实用工程技术，1997（2）：25.

[95] 何永梅.紫苏加工技术 [J].科学种养，2011，15（6）：36-37.

[96] 沈瑞.紫苏加工三妙法 [J].广东农村实用技术，2011（9）：37.

[97] 马利华，秦卫东，陈学红，等.不同干燥方式对槐花蛋白加工特性及抗氧化性能的影响 [J].食品科技，2014，39（9）：104-108.

[98] 张颖.中药槐花的炮制工艺研究 [J].世界最新医学信息文摘，2016，16（7）：291.

[99] 兰霞，盛爱武，刘琴.月季干燥花护形护色的研究 [J].北方园艺，2009（1）：171-174.

[100] 黄庆文.新兴果树——树莓 [J].北京农业，1998（08）：27.